AUSTRILIA SENIOR SCHOOL MATHEMATICAL COMPETITION QUESTIONS AND ANSWERS, HIGH VOLUME, 1992-1998

澳大利亚中学

数学竞赛试题及解答

高级卷 1992-1998

● 刘培杰数学工作室 编

内容简介

本书收录了1992年至1998年澳大利亚中学数学竞赛高级卷的全部试题，并且给出了这些试题的详细解答，其中有些题目给出了多种解法，以便读者加深对问题的理解并拓宽思路.

本书适合中学师生及数学爱好者参考阅读.

图书在版编目(CIP)数据

澳大利亚中学数学竞赛试题及解答. 高级卷. 1992－1998/刘培杰数学工作室编. — 哈尔滨:哈尔滨工业大学出版社,2019.5

ISBN 978－7－5603－7970－8

Ⅰ.①澳… Ⅱ.①刘… Ⅲ.①中学数学课－题解 Ⅳ.①G634.605

中国版本图书馆CIP数据核字(2019)第015375号

策划编辑　刘培杰　张永芹
责任编辑　张永芹　邵长玲
封面设计　孙茵艾
出版发行　哈尔滨工业大学出版社
社　　址　哈尔滨市南岗区复华四道街10号　邮编150006
传　　真　0451－86414749
网　　址　http://hitpress.hit.edu.cn
印　　刷　哈尔滨市石桥印务有限公司
开　　本　787mm×960mm　1/16　印张12.25　字数126千字
版　　次　2019年5月第1版　2019年5月第1次印刷
书　　号　ISBN 978－7－5603－7970－8
定　　价　28.00元

◎目录

第 1 章　1992 年试题

1. 0.4×0.6 等于(　　).

A. 0.10　　B. 2.4　　C. 1.0

D. 0.024　　E. 0.24

解　$0.4\times0.6=0.24$.　　(　E　)

2. $1+11\times111-1\ 111$ 等于(　　).

A. 111　　B. 1 221　　C. 2 333

D. 11 001　　E. 11

解　$1+11\times111-1\ 111=1+1\ 221-1\ 111=1\ 222-1\ 111=111$.　　(　A　)

3. 100^2-99^2 等于(　　).

A. 1　　B. 2　　C. 9

D. 99　　E. 199

解　$100^2-99^2=(100+99)(100-99)=199\times1=199$.　　(　E　)

4. 在物理学中有一个公式是

$$\frac{1}{R}=\frac{1}{R_1}+\frac{1}{R_2}$$

如果 $R_1=3,R_2=6$,那么 R 等于(　　).

A. $\frac{1}{2}$　　B. 2　　C. $\frac{1}{9}$

D. 9　　E. $\frac{9}{2}$

解　如果 $R_1 = 3, R_2 = 6$,则

$$\frac{1}{R_1} + \frac{1}{R_2} = \frac{1}{3} + \frac{1}{6} = \frac{1}{2}$$

因此,$R = \frac{1}{\frac{1}{2}} = 2$.　　　　(B)

5. 如果 n 是整数,那么下列各数中哪一个必定是奇整数?(　　)

A. $5n$　　B. $n^2 + 5$　　C. n^3

D. $n + 16$　　E. $2n^2 + 5$

解　$2n^2 + 5$ 是一个偶数加一个奇数,所以必定是奇数. 当 n 是奇数时,$n^2 + 5$ 是偶数. 当 n 是偶数时,$5n$,n^3 和 $n + 16$ 都是偶数.　　　　(E)

6. $(1 - q^2)(1 + q^2 + q^4)$ 等于(　　).

A. $1 - q^6$　　B. $1 - q^2 - q^4 - q^6$

C. $1 + q^4 + q^6$　　D. $1 + 2q^4 + 2q^6$

E. $1 - q^2 + q^4 - q^6$

解　$(1 - q^2)(1 + q^2 + q^4) = 1 + q^2 + q^4 - q^2 - q^4 - q^6 = 1 - q^6$.　　　　(A)

7. 如果 $x^y = 3$,则 $x^{3y} + 2$ 等于(　　).

A. 11　　B. 8　　C. 29

D. 6　　E. 35

解　$x^{3y} + 2 = (x^y)^3 + 2 = 3^3 + 2 = 27 + 2 = 29$.

(C)

8. 如果把图 1 所示的图形折成一个立方体,那么它的每个顶点都是三个面的交点. 把相交于任何顶点

的三个面上的数相乘. 对于这个立方体的各顶点来说,能够得到的最大乘积是(　　).

A. 40　　　　B. 60　　　　C. 72

D. 90　　　　E. 120

图 1

解　最大乘积是由相交于一个顶点的三个面上的数字 3,5 和 6 得到的.　　　　(　D　)

9. 在图 2 中,RQ 的方程是 $y = 2x - 1$,如果 QP 平行于 x 轴,点 P 的坐标是(8,4),则从 P 到 Q 的距离是(　　).

A. 3. 5　　　　B. 4　　　　C. 4. 5

D. 5　　　　E. 5. 5

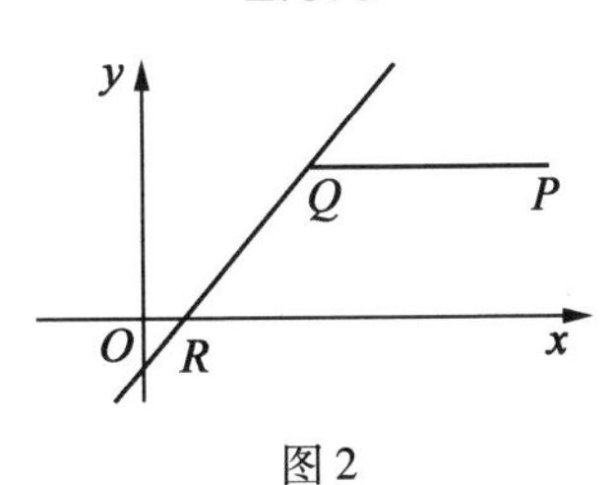

图 2

解　在 PQ 与 $y = 2x - 1$ 的交点 Q 上,$y = 4$,即 $4 = 2x - 1$,因此,Q 的横坐标是 2. 5. 所以 PQ 的长度是 $8 - 2.5 = 5.5$.　　　　(　E　)

10. 在 $\triangle PQR$ 中,$\angle PQR = 2x°$,$\angle PRQ = (x +$

15)°,$\angle QPR = (2x - 10)°$. 则 x 的值是(　　).

A. 30　　B. 35　　C. 40

D. 25　　E. 32

解　$2x + (x + 15) + (2x - 10) = 180$,因此,$5x + 5 = 180$,即 $5x = 175$,则 $x = 35$.　　(B)

11. 方程

$$4x^2 - 24x + 35 = 0$$

的较大根与较小根之差是(　　).

A. 2　　B. 1　　C. $\frac{1}{2}$

D. $\frac{1}{4}$　　E. 4

解法1　这个二次方程的两个根是

$$x = \frac{24 \pm \sqrt{24^2 - 4 \times 4 \times 35}}{2 \times 4}$$

$$= \frac{12 \pm \sqrt{12^2 - 4 \times 35}}{4}$$

$$= \frac{12 \pm 2\sqrt{6^2 - 35}}{4}$$

$$= \frac{12 \pm 2}{4}$$

$$= \frac{14}{4} \text{或} \frac{10}{4}$$

较大根与较小根之差是$\frac{14 - 10}{4} = 1$.　　(B)

解法2　设这两个根是 α 和 β,则 $\alpha + \beta = \frac{24}{4} = 6$,

$\alpha\beta = \frac{35}{4}$,于是

$$(\alpha-\beta)^2 = (\alpha+\beta)^2 - 4\alpha\beta = 6^2 - 4\times\frac{35}{4}$$
$$= 36 - 35 = 1$$

因此,所求之差是1.　　　　（　B　）

12. 如图3,在$\triangle PQR$中,S是QR的中点. 如果$PQ=6$,$PR=8$,$\angle PQR+\angle PRQ=90°$,那么$PS$等于(　　).

A. $4\frac{3}{4}$　　B. 5　　C. $5\frac{1}{2}$

D. 6　　E. 7

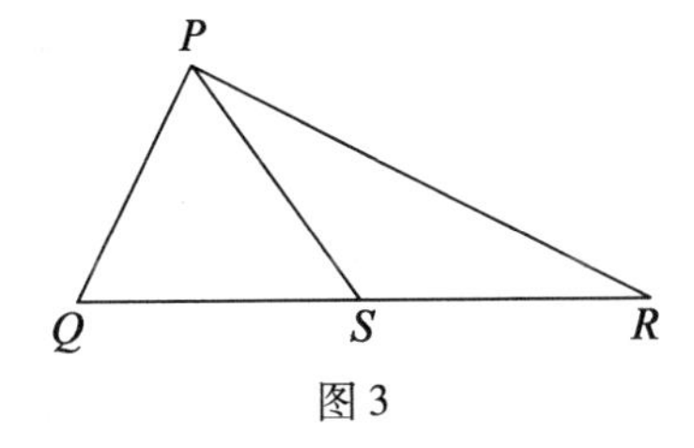

图3

解法1　因为在$\triangle PQR$中,$\angle QPR=90°$,所以$QR=10$. 同时,$\angle QPR$是以S为中心的半圆内的圆周角. 因此PS是半径,其长度是QR的一半,即5.

（　B　）

解法2　应用阿波罗尼奥斯(Apollonius)定理$PQ^2+PR^2=2PS^2+2QS^2$,即$36+64=2PS^2+50$,即$PS^2=\frac{100-50}{2}=25$,即$PS=5$.　　　　（　B　）

13. 把一个棱长为3个单位的立方体的各面涂上

颜色,然后把它切割成 27 个单位立方体. 这些单位立方体有多少个面没有被涂上颜色?(　　)

A. 36 个　　B. 24 个　　C. 81 个

D. 72 个　　E. 108 个

解　这些单位立方体的总面数是 $27\times6=162$. 在大立方体的每一面上有 9 个单位立方体的面,大立方体有6个面,故有54个单位立方体的面被涂颜色. 没有被涂颜色的总面数是 $162-54=108$.　(　E　)

14. 罗温娜(Rowenna)喜欢喝果汁和柠檬水的混合饮料. 有一天,她倒了半杯果汁,然后倒满柠檬水. 待充分混合以后,她喝了总量的三分之一,然后再倒满柠檬水. 最后饮料中果汁占的部分是(　　).

A. $\frac{1}{6}$　　B. $\frac{1}{3}$　　C. $\frac{1}{2}$

D. $\frac{3}{4}$　　E. $\frac{5}{6}$

解　从杯中喝掉的果汁部分占$\frac{1}{3}\times\frac{1}{2}=\frac{1}{6}$,因此最后的饮料中剩余的果汁占$\frac{1}{2}-\frac{1}{6}=\frac{1}{3}$.

(　B　)

15. 若$f(x)=|x|+|x+1|+|x-1|$,则$f(x)$的最小值是(　　).

A. 1　　B. 3　　C. 4

D. 2　　E. 0

解法 1　如果存在最小值,则它只能出现在使得这个函数具有"尖角"的一些点上,即出现在点 $x=$

$-1,0$ 或 1 上. 在这三个点上,函数值分别是 $3,2$ 和 3. 可以看出,这个函数是一条折线,当 $x>0$ 时,斜率为正,当 $x<0$ 时,斜率为负.　　(D)

解法2　如图4,首先做出函数的图像,然后在图像上确定最小值.

当 $x<-1$ 时

$$f(x)=-x-(x+1)-(x-1)=-3x$$

当 $-1\leqslant x<0$ 时

$$f(x)=-x+(x+1)-(x-1)=-x+2$$

当 $0\leqslant x<1$ 时

$$f(x)=x+(x+1)-(x-1)=x+2$$

当 $x\geqslant 1$ 时

$$f(x)=x+(x+1)+(x-1)=3x$$

因此,函数的图像是

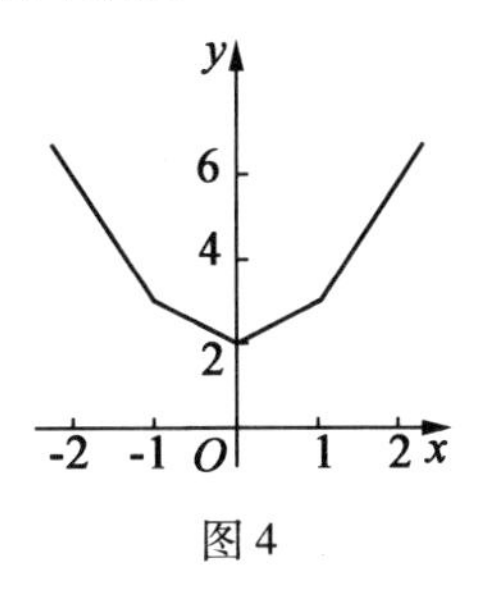

图4

显然,最小值是2.

解法3　显然这个函数关于 $x=0$ 是对称的(把 x 换为 $-x$ 即可验证). 因此,最小值(或最大值)将出现在点 $x=0$ 上,并且等于2. 从两边检验可知它是绝对最小值.

16. 下式的值为(　　).

$1\,992^2-1\,991^2+1\,990^2-1\,989^2+\cdots+4^2-3^2+2^2-1^2$.

A. 996　　B. 329 845 486　　C. 1 983 035

D. 988 528　　E. 1 985 028

解　通过把两项分成一组并把每个平方差进行因式分解来解这一问题

$$\begin{aligned}&(1\,992^2-1\,991^2)+(1\,990^2-1\,989^2)+\cdots+(2^2-1^2)\\=&(1\,992-1\,991)(1\,992+1\,991)+(1\,990-1\,989)(1\,990+1\,989)+\cdots+(2-1)(2+1)\\=&(1\,992+1\,991)+(1\,990+1\,989)+\cdots+(2+1)\\=&1+2+\cdots+1\,992\\=&\frac{1\,992}{2}(1+1\,992)=996\times1\,993=1\,985\,028.\end{aligned}$$

(　E　)

17. 如图5,$PQRS$ 是一个正方形,$\triangle PTU$ 是等腰三角形,其中 $PT=PU$,$\angle TPU=30°$,T 在 QR 上,U 在 RS 上. 如果 $\triangle PTU$ 的面积是1,则正方形 $PQRS$ 的面积是(　　).

A. 2　　B. $2\frac{2}{3}$　　C. 3

D. 4　　E. $\sqrt{3}$

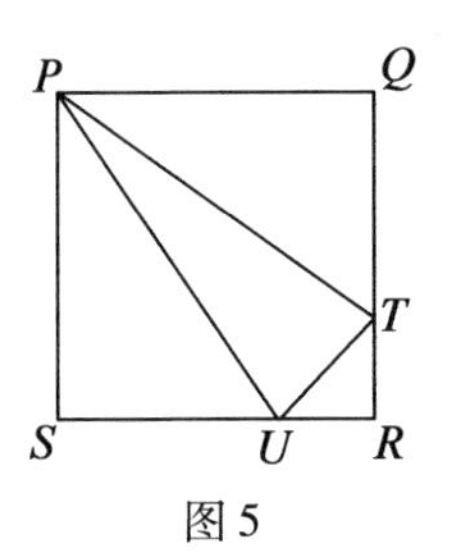

图5

解法1　设 $QT=x$,则 $PQ=\sqrt{3}x$,$PT=2x$. 这时,把 $\triangle PQT$ 和 $\triangle PSU$ 的面积相加,等于 $\sqrt{3}x^2$. 还有 $RT=RU=(\sqrt{3}-1)x$,于是 $\triangle RTU$ 的面积 $=\frac{1}{2}(\sqrt{3}-1)^2x^2=(2-\sqrt{3})x^2$. $PQRS$ 的面积 $=3x^2$. 因此,$\triangle PTU$ 的面积是 $x^2(3-\sqrt{3}-(2-\sqrt{3}))=x^2$. 已知这个面积等于1,所以 $x=1$,$PQRS$ 的面积 $=3$.　　(　C　)

解法2　设 $PS=x$,则

$$PU=PT=\frac{2x}{\sqrt{3}}$$

并且

$$\begin{aligned}\triangle PUT\text{ 的面积}&=\frac{1}{2}\cdot PU\cdot PT\cdot\sin\angle UPT\\&=\frac{1}{2}\cdot\frac{2x}{\sqrt{3}}\cdot\frac{2x}{\sqrt{3}}\cdot\frac{1}{2}=1\end{aligned}$$

所以 $x^2=3$,即 $PQRS$ 的面积 $=3$.　　(　C　)

18. 有一天,一个女孩沿着正在移动的自动扶梯跑下来,用了15 s. 第二天,扶梯坏了,不移动了. 她仍以同样的速度跑下来,用了20 s. 试问她站在移动扶梯上随扶梯一起下来,需要多少秒?(　　)

A. 40 s　　B. 50 s　　C. 35 s

D. 60 s　　E. 65 s

解　设自动扶梯的速度是 s m/s，长度是 l m，女孩跑的速度是 r m/s. 这时，我们所要求的是$\frac{l}{s}$. 因为扶梯移动时女孩下得快，所以扶梯必定是向下移动. 所以当这个女孩顺着移动的扶梯跑下来时她的总速度是$(s+r)$m/s. 因此

$$s+r=\frac{l}{15}\text{ 和 }r=\frac{l}{20}$$

于是

$$s=\frac{l}{15}-r=\frac{l}{15}-\frac{l}{20}=\frac{l}{60}$$

由此得到$\frac{l}{s}=60$.　　(D)

19. 对于整数 m 和 n，不等式

$$4\leqslant m^2+n^2\leqslant 17$$

有多少个角(m,n)？(　　)

A. 48　　B. 36　　C. 15

D. 50　　E. 52

解　由表 1 可以计算解的个数：

表 1

m	n	总数
0	±2，±3，±4	6
±1	±2，±3，±4	12
±2	0，±1，±2，±3	14
±3	0，±1，±2	10
±4	0，±1	6
		48

.　　(A)

20. 如图6,一条直线联结边长为1 m的立方体的相对的两个顶点P和Q,点M是另外任一顶点. 从点M到直线PQ上的最近一点的距离是(　　).

A. $\frac{\sqrt{3}}{2}$ m　　B. $\frac{\sqrt{5}}{8}$ m　　C. $1+\sqrt{2}$ m

D. $\frac{\sqrt{6}}{2}$ m　　E. $\frac{\sqrt{6}}{3}$ m

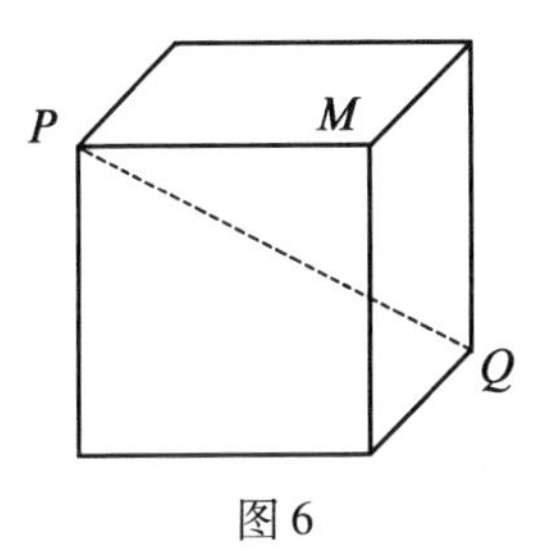

图6

解　作$\triangle MPQ$,可以看出,它的边长是1 m,$\sqrt{2}$ m和$\sqrt{3}$ m,在点M处为直角(图7). 我们要求的距离是高MR的长度. 因为$\triangle MPQ$与$\triangle RPM$是相似的,可知

$$\frac{MR}{\sqrt{2}}=\frac{1}{\sqrt{3}}$$

因此

$$MR=\frac{\sqrt{2}}{\sqrt{3}}=\frac{\sqrt{6}}{3}$$

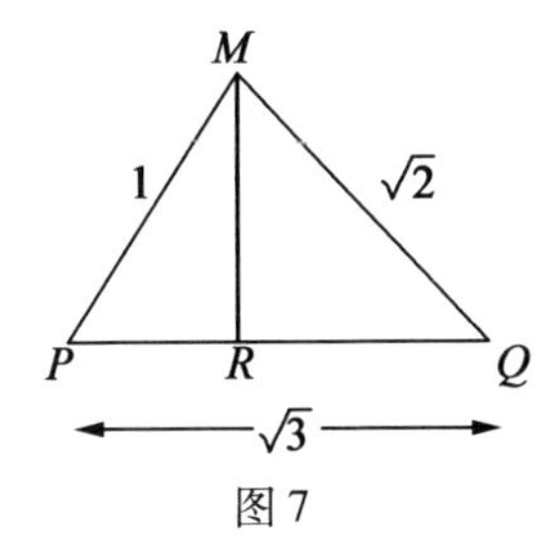

图7

(E)

21. 把一个立方体的各面涂成黑色或白色. 两种涂色方式被认为是不同的,如果这个立方体不论怎样放置都不会产生混淆. 试问对这个立方体有多少种不同的涂色方式?( )

A. 5 种 B. 7 种 C. 8 种

D. 10 种 E. 64 种

解 六个面都涂成白色,有 1 种方式. 五个面涂成白色、一个面涂成黑色,有 1 种方式. 四个面涂成白色、两个面涂成黑色,即相对的两面,或者相邻的两面,涂成黑色,有 2 种方式. 三个面涂成白色、三个面涂成黑色,即相对的两面与两面相邻的一面,或者相交于同一顶点的三面,涂成黑色,有 2 种方式. 由对称性可知,四个面涂成黑色、两个面涂成白色,五个面涂成黑色、一个面涂成白色和六个面都涂成黑色的情况,分别有 2 种、1 种和 1 种方式. 因此,总共有

$$1+1+2+2+2+1+1=10$$

种涂色方式. (D)

22. 如图 8,等腰 $\triangle PQR$ 内接于一个半径为 6 的圆,其中 $PQ=PR$. 小圆与大圆和 $\triangle PQR$ 的底 QR 的中点相切. 边 PQ 的长度为 $4\sqrt{5}$. 则小圆的半径是( ).

A. $\sqrt{5}$ B. 2 C. $\frac{8}{3}$

D. $\frac{7}{3}$ E. $\frac{3+\sqrt{5}}{2}$

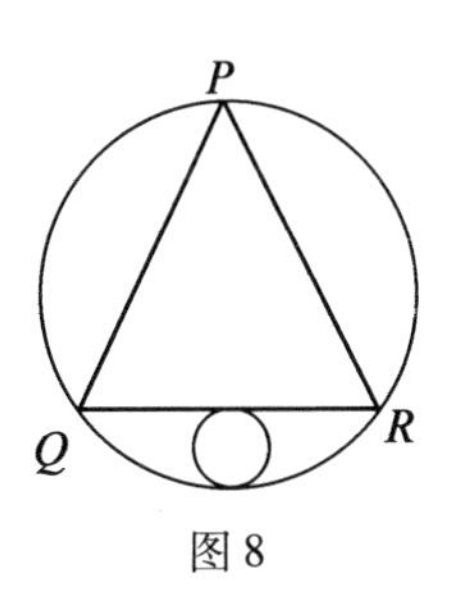

图8

解　如图9,设O为大圆的中心,M为QR的中点.设$OM=x$,$QM=y$.由$\triangle OMQ$,有

$$x^2+y^2=36 \tag{1}$$

而由$\triangle PQM$,有

$$(x+6)^2+y^2=80 \tag{2}$$

(2)-(1),得到$12x+36=44$,即$x=\frac{2}{3}$,因此小圆的直径是$6-\frac{2}{3}=\frac{16}{3}$,所以小圆的半径是$\frac{8}{3}$.　(　C　)

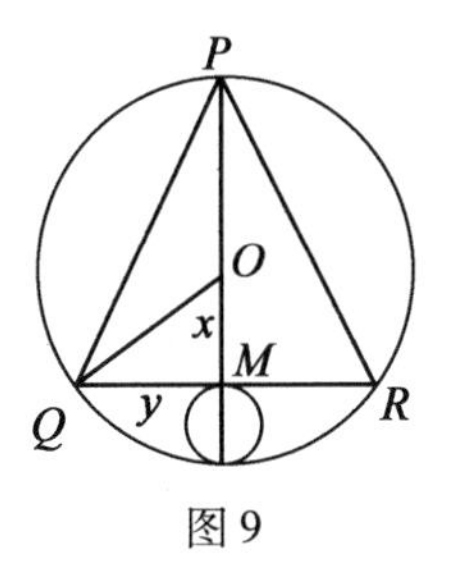

图9

23. 设a和b是两个非负整数.当a和b满足什么条件时,$(2^a+2^b)^2$能够写成2的两个不同幂之和.(　　)

A. $a=b$　B. $a=0$或$b=0$　C. $|a-b|=1$

D. a和b都是2的幂　E. 不可能

解 设$(2^a+2^b)^2=2^x+2^y$,则

$$2^{2a}+2^{a+b+1}+2^{2b}=2^x+2^y$$

因此,$a+b+1=2a$或$a+b+1=2b$,即$a=b\pm1$.

(C)

注 $a=b$的情况是不可能的,因为它对应于$x=y$,而这是不允许的.

24. 在一列数1,2,3,…,10 000 中,有多少个数恰好包含两个相邻的数字9?例如:993,1 992 和9 929 就是这样的数,而9 295 或1 999 则不是.( )

A. 270 个　　B. 271 个　　C. 280 个

D. 123 个　　E. 261 个

解 符合题目要求的数可写为$99X_1X_2$,X_199X_2,X_1X_299三类,第一类中X_1可取9以外的9个数字,X_2可取从0到9的任意数字,共有$9\times10=90$个. 第二类中X_1和X_2都不可取9,故有$9\times9=81$个. 第三类中X_1可取任意数字,X_2可取9以外的数字,故有$9\times10=90$个. 所以总共有$90+81+90=261$个数. (E)

25. 在一个书架上有三位作者的著作,吉尔摩(Gilmore)的三卷,劳森(Lawson)的三卷,帕特森(Patterson)的一卷. 如果这些书随机地放在书架上,那么同一作者的著作在一起的概率是( ).

A. $\frac{3}{70}$　　B. $\frac{1}{140}$　　C. $\frac{3}{140}$

D. $\frac{1}{70}$　　E. $\frac{1}{35}$

解 用字母G表示吉尔摩的著作,L表示劳森的著作,P表示帕特森的著作. 我们首先算出类型为{3,

3,1}的排列方式的数目. 这时七卷书排列的类型是 $G_1G_2G_3L_1L_2L_3P$ 和 $L_1L_2L_3G_1G_2G_3P$. 其中每一类型有 $3!\times3!=36$ 种排列方式,所以总共72种排列方式. 类似地,类型{3,1,3}和{1,3,3}也分别有72种排列方式. 因此有 $72+72+72=216$ 种排列方式,其中每种方式同一作者的著作都放在一起. 总的排列方式有 $7!$ 种. 因此,同一作者的著作放在一起的概率是 $\frac{216}{7!}=\frac{6}{7\times5\times4}=\frac{3}{70}$.　　(　A　)

26. 点 S 和 T 分别处于等边 $\triangle PQR$ 的两边 PQ 和 PR 上,使得 $ST=TR$,且 ST 垂直于 PQ. 已知 QR 的长度是1,那么 ST 的长度是(　　).

A. $\frac{1}{2}$　　B. $2-\sqrt{3}$　　C. $2\sqrt{3}-3$

D. $2(2-\sqrt{3})$　　E. $\frac{1}{3}\sqrt{3}$

解　如图10,设 ST 和 TR 的长度是 x. 于是 $PT=1-x$,又因为 $\angle TPS=60°$,所以在 $\triangle PST$ 中,$\frac{x}{1-x}=\sin 60°=\frac{\sqrt{3}}{2}$,即 $2x=\sqrt{3}-\sqrt{3}x$,$x(2+\sqrt{3})=\sqrt{3}$,即

$$x=\frac{\sqrt{3}}{2+\sqrt{3}}=\frac{\sqrt{3}}{2+\sqrt{3}}\cdot\frac{2-\sqrt{3}}{2-\sqrt{3}}=2\sqrt{3}-3$$

(　C　)

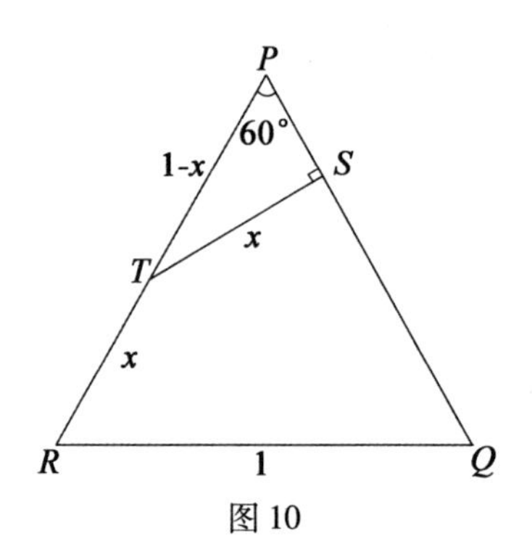

图 10

27. 一个城市铁道系统只卖从一站出发到达另一站的单程车票,每一张票都说明起点站和终点站. 现在增设了几个新站,因而必须再印 76 种不同的票. 问增设了几个新站?( )

A. 4 个　　B. 2 个　　C. 19 个

D. 8 个　　E. 38 个

解　设增设的新站数为 n,老站数为 m,只在新站之间使用的票的种数为 $n(n-1)$. 在新站和老站之间使用的票的种数为 $2mn$. 因此

$$2nm+n(n-1)=76$$

因为增设"几个"新站,所以我们假设至少 $n\geqslant 2$. 当 $n=2$ 时,对于 $n=1,2,3,\cdots$,等式左边得到数值 6,10,14,…,其中不包含 76. 当 $n=3$ 时,得到数值 12,18,24,…,其中包含 72 和 78,但是不包含 76;当 $n=4$ 时,对于 $m=8$,便得到 76;当 $n=5$ 时,我们得到 30,40,50,…;对于 $n=6$,我们得到 42,54,66,78,…;对于 $n=7$,我们得到 56,70,84,…;对于 $n=8$,我们得到 72,88,…;对于 $n\geqslant 8$,76 或更小的值都不能得到. 因

此, $n=4$.　　　　(A)

28. 一个等边三角形的三个顶点分别处于三条平行线上,这三条平行线之间的距离是 3 单位和 1 单位,如图 11 所示. 这个三角形的面积是(　　).

A. $2\sqrt{3}$　　B. $\frac{13}{3}\sqrt{3}$　　C. $\frac{16}{3}\sqrt{3}$

D. $4\sqrt{3}$　　E. $\frac{52}{3}\sqrt{3}$

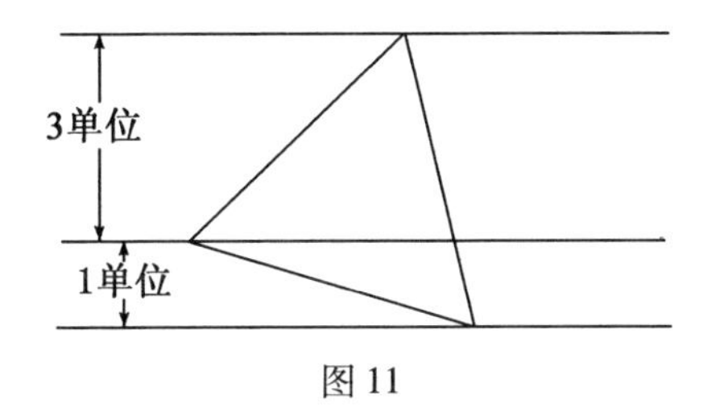

图 11

解法 1　如图 12,用毕达哥拉斯定理,设等边三角形的边长为 x,对 Rt$\triangle PQR$ 应用毕达哥拉斯定理,有

$$4^2+(\sqrt{x^2-1}-\sqrt{x^2-9})^2=x^2$$

即

$$16+x^2-1+x^2-9-2\sqrt{(x^2-1)(x^2-9)}=x^2.$$

重新排列,得到

$$x^2+6=2\sqrt{(x^2-1)(x^2-9)}$$

两边取平方,得到

$$x^4+12x^2+36=4(x^4-10x^2+9)=4x^4-40x^2+36$$

简化后得到 $3x^4-52x^2=0$,故 $x^2=\frac{52}{3}$. 边长为 x 的等边三角形的面积是底乘高的$\frac{1}{2}$,即$\frac{1}{2}\times x\times\frac{\sqrt{3}x}{2}$,即 $x^2\times$

$\frac{\sqrt{3}}{4}$. 因此,这个三角形的面积是$\frac{52}{3}\times\frac{\sqrt{3}}{4}=\frac{13\sqrt{3}}{3}$.

(B)

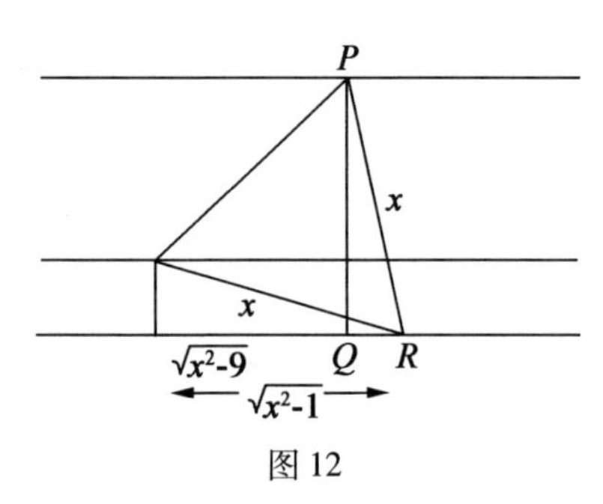

图 12

解法2 用三角学设等边三角形的边长为x,角为θ,如图 13 所示. 首先注意到$\cos\theta=\frac{4}{x}$,而$\sin\theta=\sqrt{1-\frac{16}{x^2}}$. 此外

$$\sin(30^\circ-\theta)=\frac{\cos\theta}{2}-\frac{\sqrt{3}\sin\theta}{2}=\frac{1}{x}=\frac{\cos\theta}{4}$$

于是,$\cos\theta=2\sqrt{3}\sin\theta$,或$\cos^2\theta=12\sin^2\theta=12-12\cos^2\theta$,即$13\cos^2\theta=12$,或$\cos^2\theta=\frac{12}{13}$. 因此

$$x^2=\frac{16}{\cos^2\theta}=\frac{16\times13}{12}=\frac{4\times13}{3}$$

所求的面积是

$$\frac{1}{2}x^2\sin60^\circ=\frac{\sqrt{3}}{4}x^2=\frac{\sqrt{3}}{4}\times4\times\frac{13}{3}=\frac{13\sqrt{3}}{3}$$

(B)

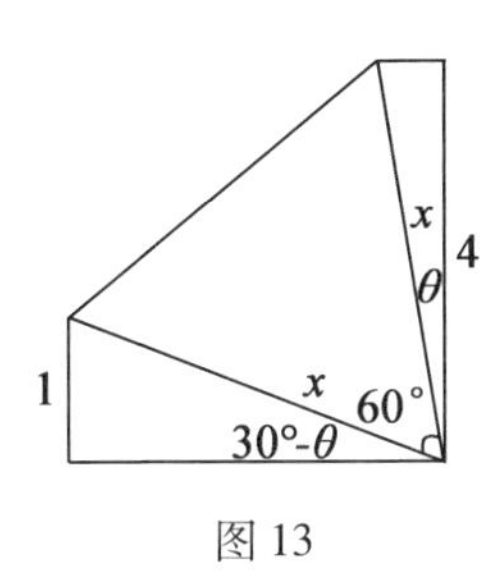

图 13

29. 在至少有三个人的一群人中,如果每个人都熟识其他任何一个人,那么这一群人就称为一个“集团”. 在有 $2n(n>1)$ 个人的一群人中,如果没有集团,那么最多有多少对熟人?(　　)

A. $3n-2$　　B. $n(2n-1)$　　C. n^2

D. $\frac{n^3+11n-6}{6}$　　E. $\frac{n(n+1)}{2}$

解　为了使大多数学生能够解答这道题,可以考虑 n 的值较小的情况,以减少麻烦. 下面是本题的提供者澳大利亚国立大学鲍勃 · 布赖斯(Bob Bryce) 给出的正式证明.

我们要证明:在有 $2n$ 个人的一群人中,如果没有集团,则最多有 n^2 对熟人.

用平面上的点来表示人. 如果两点所表示的人是熟识的,则在这两点之间画一条连线. 这样,没有集团意味着在这个圆形中不包含三角形. 所以,我们要证明的是:在这样一个不包含三角形的圆形中,最多有 n^2 条连线. 用反证法,假设 n 是这样一个最小整数,在有 $2n$ 个点的不包含三角形的圆形中,有多于 n^2 条连线. (注意:$n\geqslant 3$,因为具有 5 条连线的矩形包含一个三角形.)如果没有连线,我们也就不需要反例.选取一对熟人(即一条连线)$P - Q$,并且去掉它们.剩余的$2(n-1)$个点的圆形不包含三角形(否则整个圆形就会包含三角形).因为n是最小的整数,所以剩余的圆形最多有$(n-1)^2$条连线.因此,在去掉$P-Q$时,我们至少去掉了$(n^2+1)-(n-1)^2$条连线,也就是说,如果A是除Q外与P相连的点的集合,而B是除P外与Q相连的点的集合,则

$$|A|+|B|+1 \geqslant 2n \tag{1}$$

另外,可以看出$A \cap B = \varnothing$,否则就会有集团.因此

$$|A|+|B| \leqslant 2n-2 \tag{2}$$

因为(1)和(2)是矛盾的,所以假设有多于n^2条连线是错误的.　　　　(C)

30. 想要给4×4方格板涂上黑色和白色,使得每一行或每一列正好有两个黑色方格和两个白色方格.图14表示两个例子.

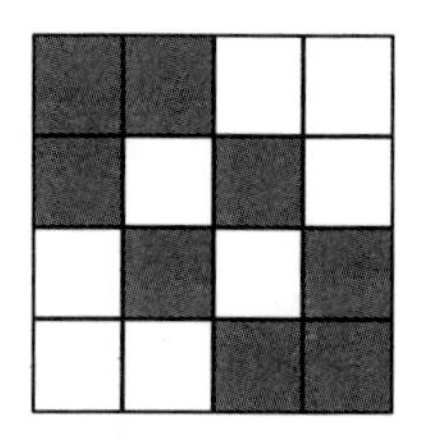
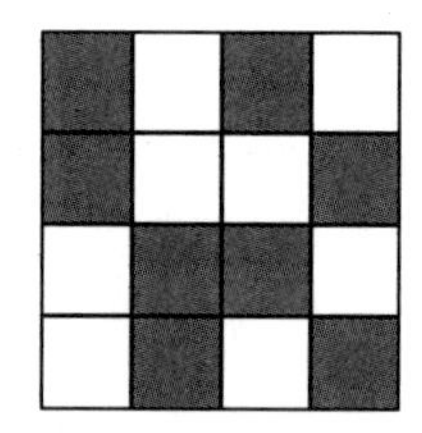

图14

试问有多少种不同的方式?(　　)

A. 36　　B. 54　　C. 72

D. 120　　E. 90

解　在第一列中有$\binom{4}{2}=6$种选择两个黑方格的方式. 这里存在三种情况.

情况 1　第二列的黑方格与第一列处于相同的两行(图 15). 一旦第一列选定了,第二列也就确定了,而最后两列只有唯一一种选择方式.

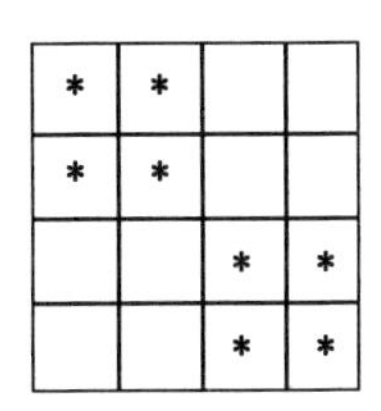

图 15

(E)

情况 2　第二列的黑方格与第一列处于不同的两行(图 16). 一旦第一列选定了,第二列也同样就确定了,第三列有$\binom{4}{2}=6$种选择方式,前三列确定了,第四列也就确定了.

*	*		
		*	*
*		*	
	*		*

图 16

情况 3　第二列只有一个黑方格与第一列的一个

黑方格处于同一行(图 17). 在选择第二行的黑方格时,有两种方式,在选择白方格时,也有两种方式,因此对于第二列有 4 种选择方式. 不论前两列如何选择,在选择第三列时都有两种方式(有两格实际上已确定了,要选择的只是其余两格),前三列选定了,第四列也就确定了,因此,在这种情况下有 $4\times2=8$(种) 选择方式. 因为在每一种情况中,在选择第一列的两个黑方格时都有六种方式,所以总共有 $6\times(1+6+8)=90$(种) 不同的涂色方式.

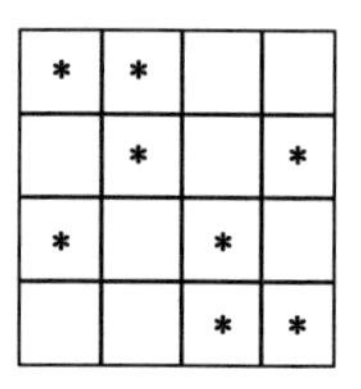

图 17

第 2 章　1993 年试题

1. $0.3^2 \times 0.8$ 等于(　　).

A. 0.072　　B. 0.007 2　　C. 0.72

D. 0.048　　E. 0.48

解　$0.3^2 \times 0.8 = 0.09 \times 0.8 = 0.072$.

(　A　)

2. $x - 2 - 2(x - 3)$ 等于(　　).

A. $-3x + 5$　　B. $5 - x$　　C. $4 - x$

D. $8 - x$　　E. $1 - x$

解　$x - 2 - 2(x - 3) = x - 2 - 2x + 6 = 4 - x$.

(　C　)

3. 如图 1,在这个尺子上大多数数字已看不见了,假设尺子的刻度是均匀的,那么点 P 对应的读数是(　　).

A. 12.47　　B. 12.48　　C. 12.50

D. 12.52　　E. 12.56

12.44　　P　　12.62

图 1

解　在 12.44 和 12.62 之间有 9 个相等的距离,总共增加 $12.62 - 12.44 = 0.18$,因此每个距离增加 0.02. 点 P 位于第三个距离处,$0.02 \times 3 = 0.06$,即比

12.44 大 0.06,即为 12.50. (C)

4. $(2\sqrt{3}-\sqrt{6})(2\sqrt{6}+\sqrt{12})$ 的值是( ).

A. $24-6\sqrt{6}$　B. $24-6\sqrt{2}$　C. $12+2\sqrt{6}$

D. 26　E. $6\sqrt{2}$

解　$(2\sqrt{3}-\sqrt{6})(2\sqrt{6}+\sqrt{12})=4\sqrt{18}-12+2\sqrt{36}-\sqrt{72}=12\sqrt{2}-12+12-6\sqrt{2}=6\sqrt{2}$. (E)

5. 在图 2 中,x 的值是( ).

A. 50　B. 80　C. 70

D. 60　E. 100

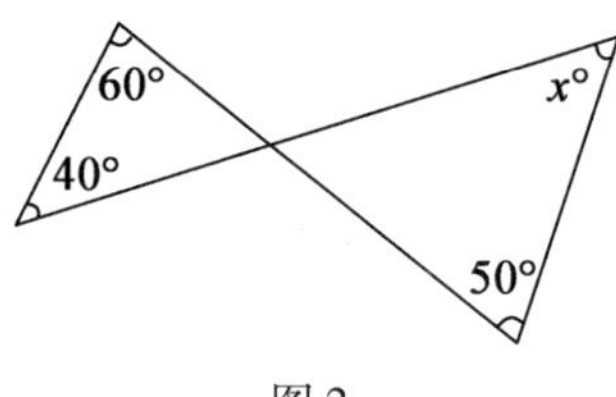

图 2

解法 1　如图 3,以 $y°$ 表示的两个角是对顶角,它们必定相等. 在左面的三角形中,$y=180-60-40=80$. 因此,在右面的三角形中

$$x=180-y-50=180-80-50=50$$

(A)

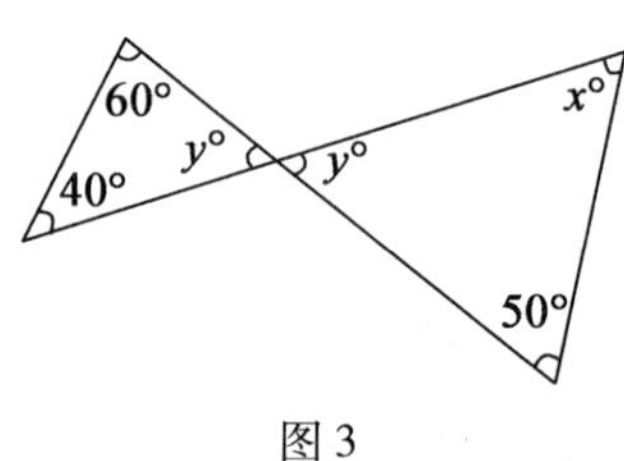

图 3

解法2　因为以 $y°$ 表示的两个对顶角是相等的，所以在两个三角形中其余两对角之和应当相等，即 $60+40=50+x$，故 $x=50$.

6. 在我从克赖斯特彻奇(Christchurch)到悉尼(Sydney)的一次飞行中，客舱中的信息屏幕上显示：

时速	864 km/h
已飞行的距离	1 222 km
尚需飞行的时间	1 h 20 min

如果飞机继续以当前的速度飞行，则从克赖斯特彻奇到悉尼的距离(km)最接近于(　　).

A. 2 300 km　　B. 2 400 km　　C. 2 500 km

D. 2 600 km　　E. 2 700 km

解　着陆(到达悉尼)前的时间是1 h 20 min，即 $\frac{4}{3}$ h. 所以，与着陆点(悉尼)的距离是 $864\times\frac{4}{3}=1\ 152$ km. 因为起飞(离开克赖斯特彻奇)后已飞行的距离是1 222 km，所以可以算出从克赖斯特彻奇到悉尼的距离是 $1\ 152+1\ 222=2\ 374$ (km). 在可供选择的答案中，最接近于2 400 km.　　(B)

7. 函数 $f(x)$ 取0与1之间的所有的值，但不取其他值. 下列哪个函数取 -1 与1之间的所有的值(　　).

A. $f(x)-1$　　B. $f(x)+1$　　C. $2f(x)$

D. $2f(x)-1$　　E. $2f(x)+1$

解　如果 $f(x)$ 取0与1之间的所有的值，则 $2f(x)$ 取0与2之间的所有的值，而 $2f(x)-1$ 取 -1 与

1 之间的所有的值. 不难验证给出的其他每个函数都不在这个区间上取值. (D)

8. 海水中盐的含量是每升海水含有 34 g 盐. 已知 1 000 mL 等于 1 kg,1 000 kg 等于 1 t,1 000 m 等于 1 km,那么 1 km^3 的海水中含有盐的吨数是( ).

A. 3 400 t　　B. 34 000 t　　C. 340 000 t

D. 3 400 000 t　　E. 34 000 000 t

解　1 L 海水含盐 34 g, 即 $\frac{34}{1\ 000}$kg. 所以 1 m^3 (1 000 L) 含盐 34 kg;因此 1 立方千米含盐

$$\begin{aligned}&1\ 000\times1\ 000\times1\ 000\times34\\=&34\ 000\ 000\ 000\\=&34\ 000\ 000(\mathrm{t})\end{aligned}$$

(E)

9. 三个正多边形恰好可以围绕着平面上的一点拼接起来. 其中一个是正方形,另一个是正六边形. 第三个多边形的边数是( ).

A. 6　　B. 8　　C. 10

D. 12　　E. 20

解　我们知道正 n 边形的内角和是 $180°(n-2)$. 特别是,正方形的内角和是 360°, 每一个内角等于 90°, 正六边形的内角和是 720°, 每一个内角等于 $\frac{720°}{6}=120°$. 因此,第三个正多边形的内角是 $360°-90°-120°=150°$. 因为 150° 是一个正 n 边形的内角,所以有

$$\frac{180°(n-2)}{n}=150°$$

即 $180°n-360°=150°n$,即 $30°n=360°$,即 $n=12$.

(D)

10. 在乘积

$$\left(1+\frac{3}{1}\right)\left(1+\frac{5}{4}\right)\left(1+\frac{7}{9}\right)\left(1+\frac{9}{16}\right)\cdots\left(1+\frac{41}{400}\right)$$

中,第 n 个因子是 $1+\frac{2n+1}{n^2}$,这个乘积的值是(　　).

A. 441　　B. 4 041　　C. 4 410

D. 4 001　　E. 4 010

解　该乘积显然等价于

$$\frac{4}{1}\cdot\frac{9}{4}\cdot\frac{16}{9}\cdot\frac{25}{16}\cdot\cdots\cdot\frac{(n+1)^2}{n}\cdot\cdots\cdot\frac{441}{400}$$

消去相同的分子和分母,恰好剩下第一个分母和最后一个分子,得到 $\frac{441}{1}$,即441.　　(A)

11. 两个平行平面相距10 cm. 在一个平面上有一点 P. 与两个平面距离相等且与点 P 的距离为6 cm的所有点的集合为(　　).

A. 一个点　　B. 一条直线和一个圆

C. 一条直线　　D. 一个圆

E. 一个球

解　与两个平面距离相等的所有点的集合是它们中间的平面(即与每个平面距离为5 cm且与它们平行的平面). 与点 P 距离为6 cm的所有点的集合是以 P 为中心、半径为6 cm的球面. 满足两个条件的点的集合是中间的平面与该球面相交而成的圆.　　(D)

12. 方程

$$\sin 2x = \cos x, 0° \leqslant x < 360°$$

的解的个数是(　　).

A. 0　　　　B. 1　　　　C. 2

D. 3　　　　E. 4

解　因为 $\sin 2x = \cos x$，所以 $2\sin x\cos x = \cos x$，即 $\cos x(2\sin x - 1) = 0$，由此得到 $\cos x = 0$ 或 $\sin x = \frac{1}{2}$. 这两个方程的解是 30°，90°，150° 和 270°，即存在 4 个不同的解.　　　　(E)

13. 在图 4 中，带阴影部分的面积是(　　).

A. 200 cm^2　　　　B. 128 cm^2　　　　C. 180 cm^2

D. 240 cm^2　　　　E. 160 cm^2

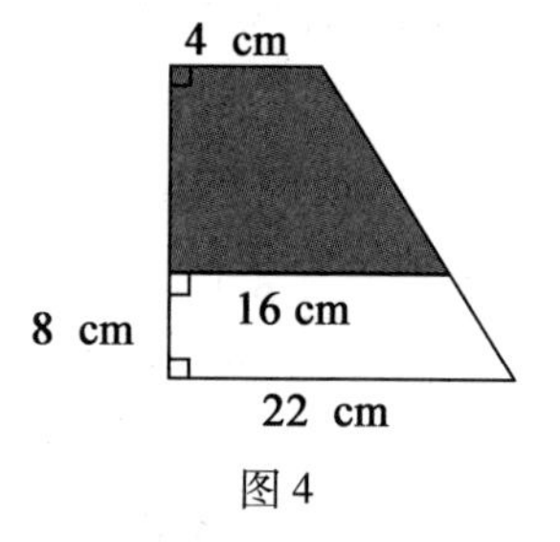

图 4

解　首先完成作图，设两个垂直线段的长度(以厘米为单位)分别为 x 和 y，如图 5 所示. 然后利用相似三角形，有

$$\frac{y}{4} = \frac{x + y}{16} = \frac{x + y + 8}{22}$$

由第一个方程，得到 $16y = 4x + 4y$，即 $12y = 4x$ 或 $x = 3y$，由第二个方程，得到

$$\frac{4y}{16}=\frac{4y+8}{22}$$

即 $88y=64y+128$,即 $24y=128$,即 $y=\frac{128}{24}=\frac{16}{3}$,因此 $x=16$. 带阴影部分是一个梯形,它的面积是 $\frac{1}{2}x(4+16)=\frac{1}{2}\times16\times20=160(\text{cm}^2)$. (E)

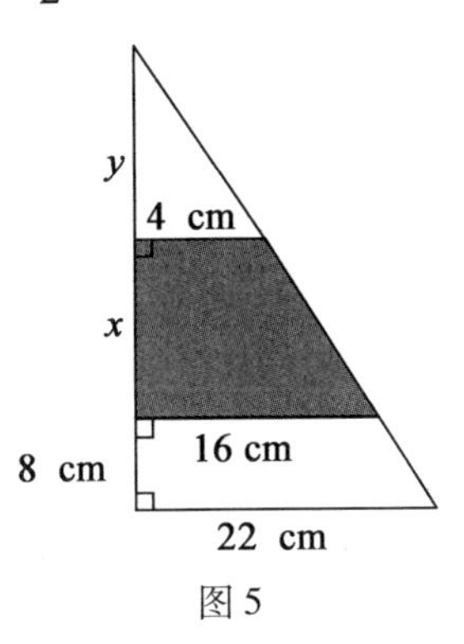

图5

14. 一排四个"接通-切断"开关,如果任何两个相邻开关不能都处于切断状态,那么有多少种不同的设定方式?(　　)

A. 8　　B. 10　　C. 12

D. 14　　E. 16

解　设 N 表示"接通",F 表示"切断". 切断的开关不能多于两个. 对于两个接通、两个切断的情况,有3种设定方式:$FNFN$,$NFNF$ 和 $FNNF$. 对于三个接通、1个切断的情况,有4种设定方式:$FNNN$,$NFNN$,$NNFN$ 和 $NNNF$. 对于四个接通、没有切断的情况,只有1种设定方式:$NNNN$. 共有8种设定方式.

(A)

15. 一个袋子中装着100个球,其中95%是红球.当从袋子中取出一些红球以后,在剩下的球中75%是红球.则从袋子中取出了多少个球?(　　)

A. 20个　　B. 25个　　C. 50个

D. 75个　　E. 80个

解　原来必定有5个球不是红球.当取出一些红球以后,这5个不是红球的球保留下来,并且占所有剩下的球的25%,因为这时红球占75%.因此,剩下的球为20个,取出的球为80个.　　　(　E　)

16. 已知 $S_n = 1 - 2 + 3 - 4 + 5 - 6 + \cdots + (-1)^{n+1}n$,其中 n 是正整数,那么 $S_{1\,992} + S_{1\,993}$ 等于(　　).

A. -2　　B. -1　　C. 0

D. 1　　E. 2

解　可以看出

$$\begin{aligned} S_{1\,992} + S_{1\,993} &= 2S_{1\,992} + 1\,993 \\ &= 2[(1-2)+(3-4)+\cdots+(1\,991-1\,992)] + 1\,993 \\ &= 2[996 \times (-1)] + 1\,993 \\ &= -1\,992 + 1\,993 \\ &= 1 \end{aligned}$$

(　D　)

注　还可用其他简单办法得出答案.

17. $\sqrt{7+\sqrt{13}} - \sqrt{7-\sqrt{13}}$ 等于(　　).

A. $\frac{\sqrt{13}}{3}$　　B. $\frac{3}{2}$　　C. $\frac{\sqrt{5}}{2}$

D. $\sqrt{2}$　　E. $2\sqrt{13}$

解法1　设$\sqrt{7+\sqrt{13}}=x,\sqrt{7-\sqrt{13}}=y$,得到$xy=\sqrt{49-13}=6$. 于是

$$(x-y)^2=x^2+y^2-2xy=7+\sqrt{13}+7-\sqrt{13}-12=2$$

所以,$x-y=\sqrt{2}$.　　(　D　)

解法2

$$\begin{aligned}&\sqrt{7+\sqrt{13}}-\sqrt{7-\sqrt{13}}\\=&\sqrt{\frac{(\sqrt{13}+1)^2}{2}}-\sqrt{\frac{(\sqrt{13}-1)^2}{2}}\\=&\frac{1}{\sqrt{2}}(\sqrt{13}+1-\sqrt{13}+1)=\frac{2}{\sqrt{2}}=\sqrt{2}\end{aligned}$$

(　D　)

18. 从集合$\{2,3,5,7,11,13,17,19,23,29\}$中随机地取出两个不同的数,不准放回. 这两个数之和为24的概率是(　　).

A. $\frac{1}{30}$　　B. $\frac{1}{10}$　　C. $\frac{2}{15}$

D. $\frac{1}{15}$　　E. $\frac{2}{45}$

解　可能取出45对不同的数,其中只有$\{5,19\}$,$\{7,17\}$和$\{11,13\}$两数之和为24. 因此其概率是$\frac{3}{45}$,即$\frac{1}{15}$.　　(　D　)

19. 如图6,给定一个边长为3 m的实心立方体,从每面的中部到对面的中部开凿一个正方孔,三个孔在立方体的中间相交. 这样产生的正方形窗口的边长为

1 m. 这个新立体的总的表面积是多少平方米?(　　)

A. 72 m^2　　B. 76 m^2　　C. 78 m^2

D. 80 m^2　　E. 84 m^2

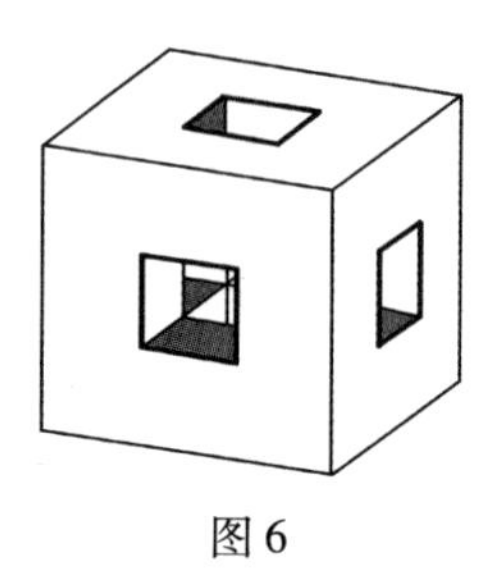

图 6

解　对于每一面来说,原立方体剩余表面的面积是 $3^2-1^2=8$ (m^2),还有四个内部截面,每个截面的面积是 1 m^2. 因此,对于每一面来说,表面面积为 $8+1\times4=12$ (m^2). 有六个面,得到总的表面积为 $12\times6=72$ (m^2).　　(A)

20. 杰克(Jack) 和吉尔(Jill) 喜欢外出散步. 杰克散步的速度是 6 km/h,吉尔的速度是 4 km/h. 他们同时向同一方向出发. 杰克走 1 km 后就返回了. 吉尔继续向前走,当他遇到返回的杰克时也返回了. 在他们都回到出发点时,吉尔比杰克晚了(　　).

A. 10 min　　B. 5 min　　C. 4 min

D. 3 min 45 s　　E. 3 min

解　当杰克返回时,吉尔走了$\frac{2}{3}$km. 他们以相对速度 10 km/h 走过$\frac{1}{3}$km,所以 2 min 后相遇. 假如吉尔与杰克同时返回,那么他们将同时回到出发点,但是事

实上当杰克返回时，吉尔继续向前走了2 min，所以他回到出发点时比杰克晚4 min. (C)

21. 如果4个不同的正整数m,n,p和q满足方程$(7-m)(7-n)(7-p)(7-q)=4$，则$m+n+p+q$等于( ).

A. 10　　B. 21　　C. 24

D. 26　　E. 28

解 因为m,n,p和q是不同的正整数，所以数$7-m,7-n,7-p$和$7-q$是不同的整数. 但是，$4=1\times2\times(-1)\times(-2)$是把4表示为4个不同的整数之积的唯一方式. 所以

$$(7-m)+(7-n)+(7-p)+(7-q)$$
$$=1+2+(-1)+(-2)$$

因此，$m+n+p+q=28$. (E)

22. 图7表示的是一个棱长为2 m的立方体的一部分. 去掉的部分的边界面是两个平面截口$PQRS$和RST. PQ是立方体一个面的对角线，R和S是立方体两个面的中心点，T是立方体一个棱的中点. 这个立方体剩余部分的体积是( ).

A. $6\frac{5}{6}\text{m}^3$　　B. $6\frac{1}{2}\text{m}^3$　　C. $5\frac{1}{2}\text{m}^3$

D. $6\frac{1}{6}\text{m}^3$　　E. $7\frac{1}{6}\text{m}^3$

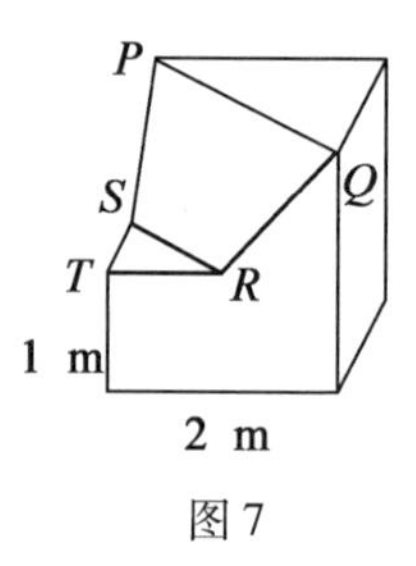

图 7

解　如图 8,用虚线把这个立方体补充完整,U 是一个顶点,V 是失去的一个顶点,如图 8 所示. 一个四面体的体积是三角形底面的面积乘以高的$\frac{1}{3}$. 这个立方体的体积是 8 m^3. 四面体 $PQVU$ 的体积是$\frac{1}{3}\times 2\times 2=\frac{4}{3}$ (m^3). 四面体$SRTU$的体积是$\frac{1}{3}\times\frac{1}{2}\times 1=\frac{1}{6}$ (m^3). 剩余部分的体积是

$$8-\frac{4}{3}+\frac{1}{6}=6\frac{5}{6}\qquad\qquad (\quad A\quad)$$

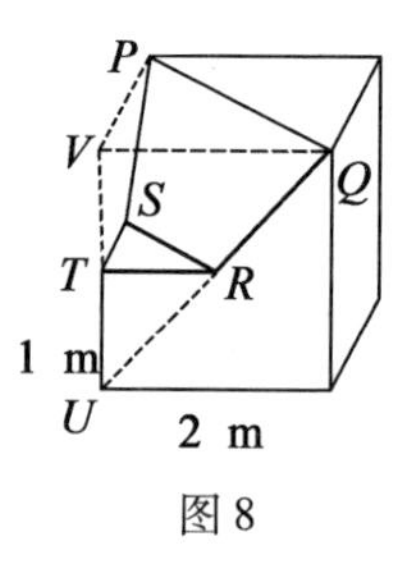

图 8

23. 在方程组

$$x^2-y^2=0$$

$$(x-a)^2+y^2=1$$

中选取不同的 a 值，可以得到的不同解的个数是（　　）.

A. 0,1,2,3,4 或 5　　B. 0,1,2 或 4

C. 0,2,3 或 4　　D. 0,2 或 4

E. 2 或 4

解　方程 $x^2-y^2=0$ 等价于直线 $y=\pm x$. 方程 $(x-a)^2+y^2=1$ 是一个圆，半径为 1，中心为 $(a,0)$. 存在四种情况，如图 9 所示：

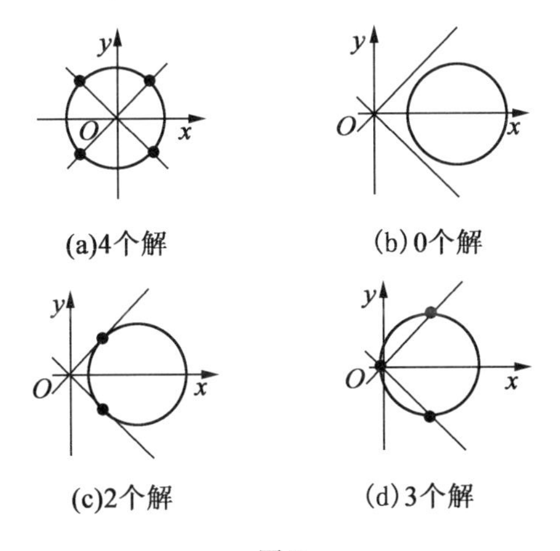

图 9

由对称性可知，1 个解的情况是不可能的.　（　C　）

24. 对于每个正整数 x，函数 $f(x)$ 有定义，且对任何两个正整数 x 和 y，满足方程

$$f(x+y)=f(x)f(y)-f(xy)+1$$

如果 $f(1)=2$，$f(1\ 993)$ 的值是（　　）.

A. 1 992　　B. $1\ 993^{1\ 992}$　　C. 1 994

D. $1\,993^{1\,994}$　　E. 1 993

解　通过尝试不难归纳出对于 $n \geqslant 1$,有 $f(n)=n+1$,因此 $f(1\,993)=1\,994$. 现在用数学归纳法来证明这个结论. 已知 $f(1)=2$,所以,当 $n=1$ 时结论成立;设当 $n=k$ 时结论也成立,即 $f(k)=k+1$. 这时

$$\begin{aligned} f(k+1) &= f(k)f(1)-f(k)+1 \\ &= 2f(k)-f(k)+1=f(k)+1 \end{aligned}$$

即

$$f(k+1)=k+1+1=(k+1)+1$$

故当 $n=k+1$ 时结论也成立.　　(C)

25. 如图10,一个圆 K 处于边长为4 m,6 m的矩形之中,且与其三边相切. 能放入矩形内部且完全处于圆 K 之外的最大圆的半径是(　　).

A. $(8-4\sqrt{3})$ m　　B. 1 m　　C. $\sqrt{2}$ m

D. $\frac{4}{3}$ m　　E. $(\sqrt{5}-1)$ m

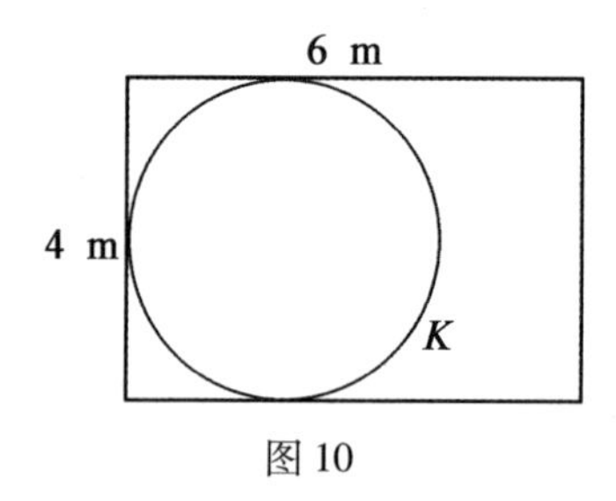

图10

解　设所求的最大圆的半径是 r. 这个圆的位置如图11所示(它与矩形的两边和给定的圆相切). 两个圆的中心是 P 和 Q. $\triangle PQX$ 是直角三角形.

我们看出

$$PX=4-r,QX=2-r,PQ=2+r$$

并且

$$(4-r)^2+(2-r)^2=(2+r)^2$$

展开得到

$$16-8r+r^2+4-4r+r^2=4+4r+r^2$$

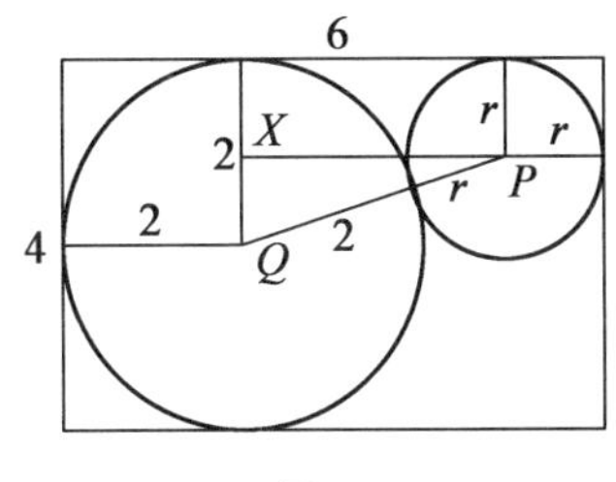

图11

即

$$r^2-16r+16=0$$

这个方程具有解

$$r=\frac{1}{2}(16\pm\sqrt{256-64})=8\pm\sqrt{48}$$

本问题所要求的根显然不能大于8,因此所求的半径是$8-\sqrt{48}$,即$8-4\sqrt{3}$.　　　　　　　　(　A　)

26. 数列$a_1,a_2,a_3,\cdots$是由下列公式得出的

$$a_1=3$$

$$a_{n+1}=a_n+a_n^2,n=1,2,3,\cdots$$

数$a_{1\,993}$的倒数第二个数字是(　　).

A. 1　　　　B. 3　　　　C. 5

D. 7　　　　E. 9

解　首先,注意到$a_1=3,a_2=12,a_3=12+12^2=156$,数列中以后各项迅速增大. 然而,我们可以看出,任何形式为 …56 的数取平方后都变成形式为 …36 的数,因此下一项的形式为 …36 + …56 = …92;而任何形式为 …92 的数取平方后都变成形式为 …64 的数,因此下一项的形式为 …64 + …92 = …56. 这种形式重复出现, 数列中以后各奇数项的形式均为 …56,偶数项的形式均为 …92. (C)

27. 为了给自行车装配十档变速齿轮装置,你选择了两个不同的前齿轮,它们的齿数在 40 与 60 之间(包含 40 和 60),五个不同的后齿轮,它们的齿轮在 11 与 35 之间(包含 11 和 35). 齿轮的传动比等于前齿轮的齿数除以后齿轮的齿数. 例如,如果你选择了有 44 和 60 个齿的前齿轮,有 14,18,22,26 和 30 个齿的后齿轮,那么你得到的传动比是

$$\frac{44}{14},\frac{44}{18},\frac{44}{22},\frac{44}{26},\frac{44}{30},\frac{60}{14},\frac{60}{18},\frac{60}{22},\frac{60}{26},\frac{60}{30}$$

如果你选择不当的话, 某些传动比就会相同(例如, $\frac{44}{22}=\frac{60}{30}$),你就不能得到 10 个不同的传动比. 假设你的选择最差, 那么你所得到的传动比的最小数目是 ( ).

A. 5　　B. 6　　C. 7

D. 8　　E. 9

解　设两个前齿轮的齿数是 f 和 F,五个后齿轮的齿数是 b_1,b_2,b_3,b_4,b_5. 假设

$$f<F,b_1<b_2<b_3<b_4<b_5$$

这时我们有

$$\frac{F}{b_1} > \frac{F}{b_2} > \frac{F}{b_3} > \frac{F}{b_4} > \frac{F}{b_5}$$

和

$$\frac{f}{b_1} > \frac{f}{b_2} > \frac{f}{b_3} > \frac{f}{b_4} > \frac{f}{b_5}$$

因为这些不等式都是严格的(不等式 $f < F$ 也是严格的),所以不可能只有5个传动比. 在只有6个不同的传动比的情况下,必须有

$$\frac{F}{b_2} = \frac{f}{b_1}, \cdots, \frac{F}{b_5} = \frac{f}{b_4}$$

这就要求

$$\frac{b_2}{b_1} = \frac{b_3}{b_2} = \frac{b_4}{b_3} = \frac{b_5}{b_4} = \frac{F}{f}$$

因此

$$b_5 = \frac{b_4^2}{b_3} = \frac{b_3^4}{b_3 b_2^2} = \frac{b_3^3}{b_2^2} = \frac{b_2^6}{b_2^2 b_1^3} = \frac{b_2^4}{b_1^3}$$

因为所有的 b_i 都是整数,所以 $b_1^3 \mid b_2^4$. 此外,还有

$$b_3 = \frac{b_2^2}{b_1}$$

所以 $b_1 \mid b_2^2$. 同时,取 $b_1^2 \mid b_2^2$,于是 $b_1 \mid b_2$. 最好的办法是取 $b_2 = 2b_1$. 于是

$$b_3 = \frac{b_2^2}{b_1} = \frac{4b_1^2}{b_1} = 4b_1$$

$$b_4 = \frac{b_3^2}{b_2} = \frac{16b_1^2}{2b_1} = 8b_1$$

$$b_5 = 16b_1$$

如果限定 $b_1, \cdots, b_5$ 选择 $11, \cdots, 35$ 中的数,这是不可能

的. 因此,最少要有 7 个不同的传动比. 一种选择是:f, F 分别为 48,60;b_1,b_2,b_3,b_4,b_5 分别为 12,15,16,20,25. (C)

28. 一个三角形的两个内角是 15° 和 60°. 它内接于一个半径为 6 的圆. 这个三角形的面积是( ).

A. $9\sqrt{3}$　　B. $\frac{27\sqrt{3}}{4}$　　C. $\frac{16\sqrt{2}}{3}$

D. $\frac{20\sqrt{2}}{3}$　　E. $\frac{7\sqrt{3}}{2}$

解　如图 12,设 $\triangle PQR$ 为所考虑的三角形,其中 $\angle QPR = 60°$, $\angle PQR = 15°$. 设 S 是 $\triangle PQR$ 的外接圆上的一点,与点 P 处于同一直径上. 设这个圆的圆心为 O. 因为同一圆弧所对的圆心角是圆周角的二倍,所以 $\angle QOR = 120°$, $\angle ROP = 30°$. 因此 $\angle QOS = 30°$, $\angle QPS = 15°$. 所以 $QR \parallel SP$, $\triangle PQR$ 的面积等于 $\triangle OQR$ 的面积. $\triangle OQR$ 是等腰三角形,两腰长为 6,两底角为 30°,其"底"QR 等于 $2 \times 6 \times \cos 30° = 6\sqrt{3}$,其"高"等于 $6 \times \sin 30° = 3$. 因此,所求的面积是 $\frac{1}{2} \times 6\sqrt{3} \times 3 = 9\sqrt{3}$. (A)

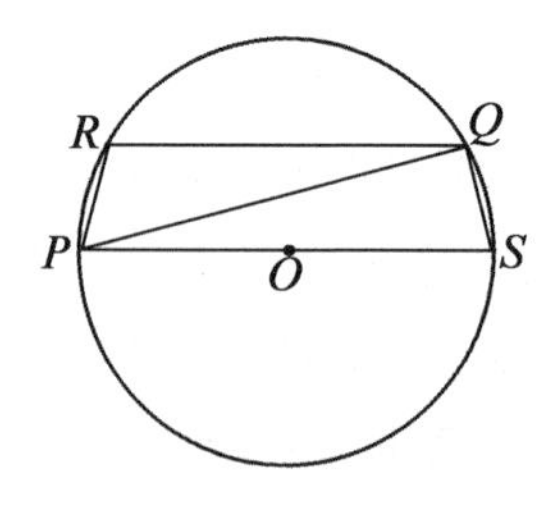

图 12

29. 在平面上取六个点，在这些点之间画仅可能多的连线，但是任何两条连线除了在端点外都不相交. 在图 13 所示的图形中有 9 条连线；可以看出，如果移动某些点的位置，则可画出更多的连线. 假如这六个点可以在平面上随意放置，最多可能画(　　).

A. 11 条　　B. 12 条　　C. 13 条

D. 14 条　　E. 15 条

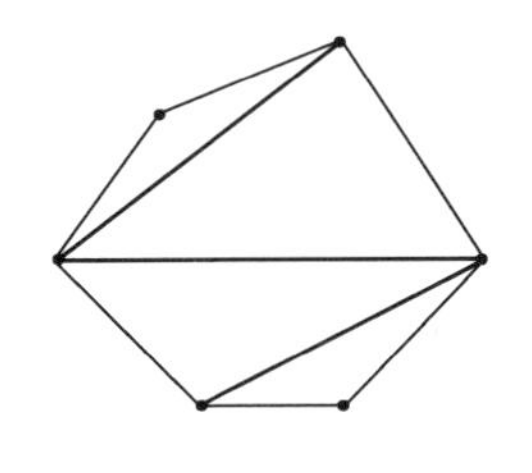

图 13

解　首先注意到 12 条连线是可能的，如图 14 所示：

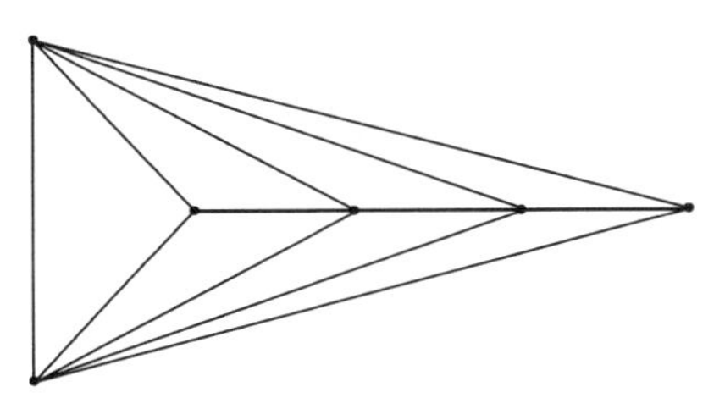

图 14

利用关于平面图的欧拉(Euler)公式，即如果有 v 个顶点，由 e 条棱联结，构成 f 个多边形面(外部区域也作为一个"面")，则

$$v - e + f = 2$$

每一个面由 3 条或更多条棱所围成，每一条棱为两个

面共有,所以有 $2e \geqslant 3f$,而欧拉公式成为

$$e \leqslant 3v - 6$$

在本题中,因为 $v = 6$,所以有 $e \leqslant 12$. 我们在上面已经画出了 $e = 12$ 的圆形,这必定为最佳情况. (B)

注 澳大利亚国立大学马丁·沃德(Marin Ward)博士提出这道题并给出上述解法,他还指出对这道题有一种显然的推广,即对于任何 $v \geqslant 3$,连线的最多条数是 $3v - 6$. 上面的图形给出了确定这些点的一种标准方式,由此而进行的论证对于任何 $v \geqslant 3$ 都成立.

第 3 章　1994 年试题

1. $6x-2-(4x-7)$ 等于(　　).

A. $2x+5$　　B. $2x-7$　　C. $10x+5$

D. $-2x+5$　　E. $2x-9$

解　$6x-2-(4x-7)=2x+5$.　　(A)

2. 如果 $\sqrt{x+1}=3$,则 $(x+1)^2$ 等于(　　).

A. $\sqrt{3}$　　B. 3　　C. 9

D. 27　　E. 81

解　$(x+1)^2=(\sqrt{x+1})^4=3^4=81$.

(E)

3. $\dfrac{3^5\times 3^3}{3^2}$ 的值是(　　).

A. 3^6　　B. 3^9　　C. 3^4

D. $\sqrt{3^{15}}$　　E. 3^{13}

解　$\dfrac{3^5\times 3^3}{3^2}=3^{5+3-2}=3^6$.　　(A)

4. $2\sin 30°$ 的值是(　　).

A. $\sqrt{3}$　　B. 1　　C. 2

D. $\dfrac{1}{2}$　　E. $\dfrac{\sqrt{3}}{2}$

解　$2\sin 30°$ 的值是 $2\times\dfrac{1}{2}$,即 1.　　(B)

5. 在 $\sqrt{50}$ 和 $\sqrt{500}$ 之间有多少个整数(　　).

A. 14　　B. 15　　C. 62

D. 63　　E. 449

解　注意到 $7^2=49$, $8^2=64$, $22^2=484$ 和 $23^2=529$. 因此,我们需要计数从 8 到 22(包括 8 和 22)的整数的个数,共有 $22-8+1=15$(个).　　(B)

6. 如果

$$\frac{1+2+3+\cdots+n}{3n}=36$$

则 n 的值是(　　).

A. 215　　B. 195　　C. 185

D. 205　　E. 225

解　如果

$$\frac{1+2+\cdots+n}{3n}=36$$

则

$$\frac{\frac{n}{2}(1+n)}{3n}=36$$

即 $1+n=36\times6=216$,即 $n=215$.　　(A)

7. 一个水龙头每秒钟滴一滴水. 600 滴水恰好装满 100 mL 的瓶子. 试问 300 天中浪费多少升水? (　　)

A. 432 L　　B. 4 320 L　　C. 43 200 L

D. 432 000 L　　E. 4 320 000 L

解　浪费水的数量是

$$\frac{60 \times 60 \times 24 \times 300}{600 \times 10} = 4\ 320$$ （ B ）

8. 如图1,线段PQ平行于线段SR,PQ和SR的长度分别为10 cm和4 cm,二者相距6 cm. 点T是QR的中点. 带阴影区域的面积是(　　).

A. 21 cm^2　　B. 26 cm^2　　C. 27 cm^2

D. 34 cm^2　　E. 42 cm^2

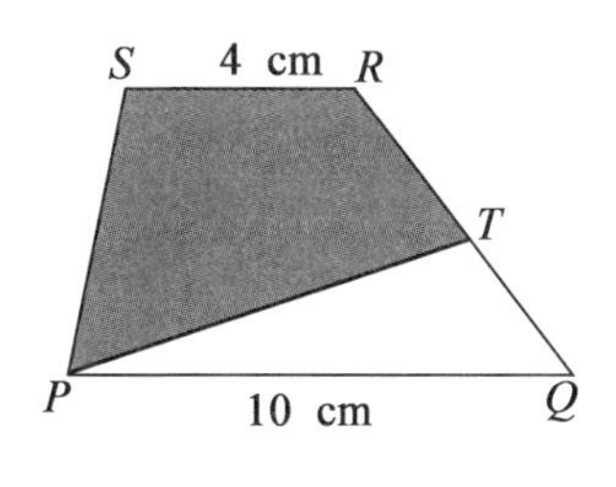

图1

解　带阴影区域的面积等于梯形$PQRS$的面积减去$\triangle PQT$的面积. 因为T是QR的中点,所以$\triangle PQT$的高是梯形的高的一半,即3 cm. 因此,所求的面积是

$$\frac{1}{2}(4+10)\times 6-\frac{1}{2}(10\times 3)=42-15=27$$

（ C ）

9. 如果α,β是方程$x^2-10x+21=0$的两个根,则$\alpha^2+\beta^2$等于(　　).

A. 10　　B. 100　　C. 58

D. 29　　E. 65

解法1　由于$x^2-10x+21=0$,即$(x-7)(x-3)=0$,得到$\alpha=3,\beta=7$.

所以,$\alpha^2+\beta^2=9+49=58$. （ C ）

解法2 由二次方程的根与系数的关系,得到$\alpha+\beta=10,\alpha\beta=21$. 因此

$$\begin{aligned}\alpha^2+\beta^2&=(\alpha+\beta)^2-2\alpha\beta\\&=100-42\\&=58\end{aligned}$$

注 本题给定的方程是阿拉伯数学家花拉子米(Al - Khowarizmi)的著作《代数学》(*Al - Jabr*,公元825年)中的一个问题,该书对欧洲数学的发展有重大影响.

10. 试问有多少个这样的正整数,当用它们除100时,余数为4?(　　)

A. 9　　B. 12　　C. 6

D. 7　　E. 8

解 应用除式算法,设

$$100=ab+4$$

$$ab=96$$

现在的问题是求出96的大于4的一切因数,即6,12,24,48,96,以及8,16,32,共有8个.　　(E)

11. 七个小烧饼与四个油酥饼质量相等,五个果酱饼与六个油酥饼质量相等. 如果油酥饼、小烧饼和果酱饼的质量(以克为单位)分别为m,s和t,那么(　　).

A. $s<t<m$　　B. $t<s<m$　　C. $t<m<s$

D. $s<m<t$　　E. $m<t<s$

解 我们有

$$7s=4m,s=\frac{4m}{7}\tag{1}$$

和

$$5t = 6m, t = \frac{6m}{5} \quad (2)$$

比较(1)和(2),得到 $s < m < t$.　　　　(D)

12. 如果 $f(x) = 10x, f(g(x)) = -5x$,则 $g(x)$ 等于(　　).

A. $-\frac{1}{2}$　　　　B. $-\frac{x}{2}$　　　　C. $-\frac{x}{10}$

D. $-\frac{1}{10}$　　　　E. $-2x$

解法1　因为 $f(g(x)) = 10g(x) = -5x$,所以

$$g(x) = -\frac{5}{10}x = -\frac{x}{2}$$　　　　(B)

解法2　设 $K = g(x)$,则 $f(K) = 10K = -5x$,于是 $K = -\frac{x}{2}$,即 $g(x) = -\frac{x}{2}$.

13. 通过点(16,0)和(0,10)的直线也通过点(x,4).则 x 的值是(　　).

A. 6.4　　　　B. 9.6　　　　C. 3.2

D. 8　　　　E. 8.8

解法1　可以看出,点(x,4)处于直线

$$y = -\frac{10}{16}x + 10$$

上,即

$$4 = -\frac{10}{16}x + 10$$

即 $-6 = -\frac{10}{16}x$,即 $x = 9.6$.　　　　(B)

解法2 这条直线经过点$(x,4)$的纵坐标是4,故

$$\frac{4}{10}=\frac{16-x}{16}$$

由此,$x=16-\frac{4\times 16}{10}=16-6.4=9.6.$ (B)

14. 亚当(Adam)想要抄下一个等差数列中的相继的六个正整数,他写下了五个数

11,25,32,37,46

在同原数列核对过以后,发现他不仅漏掉了一个数,而且还写错了一个数.试问他写错了哪个数?( )

A. 11　　B. 25　　C. 32

D. 37　　E. 46

解法1 因为等差数列相继两项之差必定相同,所以如果给出四个数$d_1<d_2<d_3<d_4$,那么首先,当三个差d_2-d_1,d_3-d_2,d_4-d_3相同时,自然可以增加两个数,使这六个数成为等差数列的一部分;其次,当这三个差有两个相同时,在一定条件下也有可能增加两个数,使之成为等差数列的一部分;最后,当这三个差都不相同时,则不可能增加两个数,使之成为等差数列的一部分.因此,可以看出写错的数是37(实际上应是39,而漏掉的数是18) (D).

解法2 如果把等差数列中的每个数减去同一个数,然后除以同一个数,则所得数列仍然是一个等差数列.我们把给出的五个数中的每一个减去11,然后除以7,得到

$$0\quad 2\quad 3\quad \frac{24}{7}\quad 5$$

这时,写错的数就暴露出来了.　　　　(　D　)

解法3　给出的五个数的相继的差是14,7,5和9.显然,公差为7.第二项漏掉了(应当是18),倒数是第二项写错了(应当是39).　　　　(　D　)

15. 在正六边形中,联结间隔一个顶点的各顶点.如图2所示.试问阴影部分的面积与大六边形面积之比是多少?(　　)

A. $\frac{1}{3}$　　B. $\frac{1}{2}$　　C. $\frac{1}{\sqrt{3}}$

D. $\frac{4}{9}$　　E. $\frac{\sqrt{2}}{\sqrt{3}}$

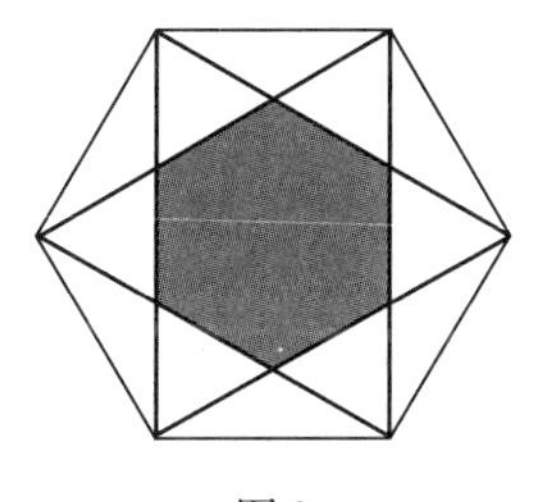

图2

解法1　如图3,正六边形的内角是120°.因此$\angle OPQ=60°$.选取适当长度单位,使得$OP=2$.这时

$$PQ=2\cos 60°=1$$

还可求出$\angle RPT=30°$.因此

$$PT=\frac{PR}{\cos 30°}=2\left(\frac{2}{\sqrt{3}}\right)=\frac{4}{\sqrt{3}}$$

以及$TU=\frac{PT}{2}=\frac{2}{\sqrt{3}}$.最后,$\frac{TU}{OP}=\frac{1}{\sqrt{3}}$,于是所求面积之

比是$\left(\frac{1}{\sqrt{3}}\right)^2 = \frac{1}{3}$.　　　　　　　　(A)

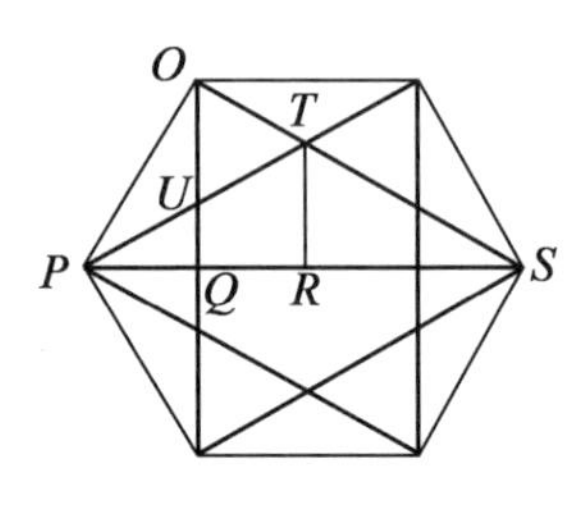

图3

解法2　设六边形各顶点是 P,Q,R 等,如图4所示.对角线 UQ 与 PR 相交于点 V,O 是六边形的中心.设 OV 交 PQ 于 W.连 POS,交 UQ 于 X.首先注意到 $\angle RPQ = \angle RPO = 30°$,因为它们分别是对应于$\overset{\frown}{QR}$和$\overset{\frown}{RS}$的圆心角(均为60°)的一半,由于 OV 平分 $\angle POQ$,所以 $\angle POW = 30°$. $OW \perp PQ, OP \perp UQ$.因此,$\triangle VWP \cong \triangle VXP \cong \triangle VOX$.所以在 $\triangle OWP$ 中带阴影的区域占$\frac{1}{3}$.把这个结果应用于构成六边形的12个全等三角形.

(A)

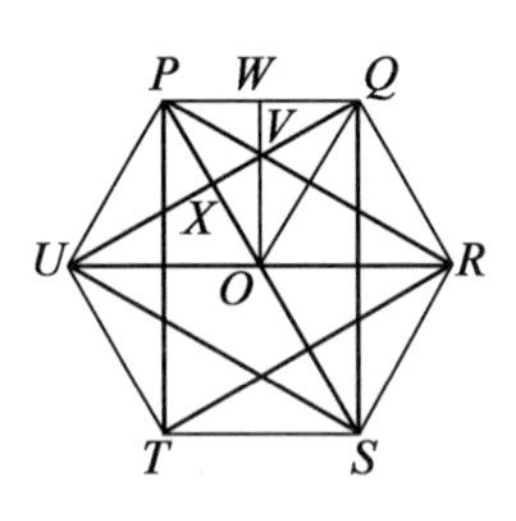

图4

16. 在一个立方体的八个顶点分别写上数字1，2，…，8，使得六个面的顶点上的数字的集合为

$\{1,2,6,7\}$，$\{1,4,6,8\}$，$\{1,2,5,8\}$，$\{2,3,5,7\}$

$\{3,4,6,7\}$ 和 $\{3,4,5,8\}$

写有下列哪个数字的顶点与写有数字6的顶点距离最远？(　　)

A. 1　　B. 3　　C. 4

D. 5　　E. 7

解　由三个集合$\{1,2,5,8\}$，$\{2,3,5,7\}$和$\{3,4,5,8\}$可知，顶点5必定与顶点2，3和8相邻.（在三个面上）与顶点5相对的三个顶点是1，7和4，在立方体的对角线上与顶点5相对的顶点是6.　　(　D　)

17. 最接近$\sqrt{1\,994+\sqrt{1\,994}}$的整数是(　　).

A. 44　　B. 45　　C. 46

D. 47　　E. 48

解　注意到$44\times44=1\,936$，而$45\times45=2\,025$. 于是$44<\sqrt{1\,994}<45$，因此$\sqrt{2\,038}<\sqrt{1\,994+\sqrt{1\,994}}<\sqrt{2\,039}$. 现在$45.5\times45.5=\frac{91\times91}{4}=2\,070.25$. 显然，所求的值与46相比更接近于45.　　(　B　)

18. $\triangle PQR$的三边与它的内切圆相切于点S，T和U，如图5所示. S，T和U把内切圆的圆周划分为$TU:ST:US=5:8:11$. $\angle TPU:\angle SRT:\angle UQS$是(　　).

A. 7:4:1　　B. 8:5:2　　C. 7:3:2

D. 11:8:5　　E. 9:5:1

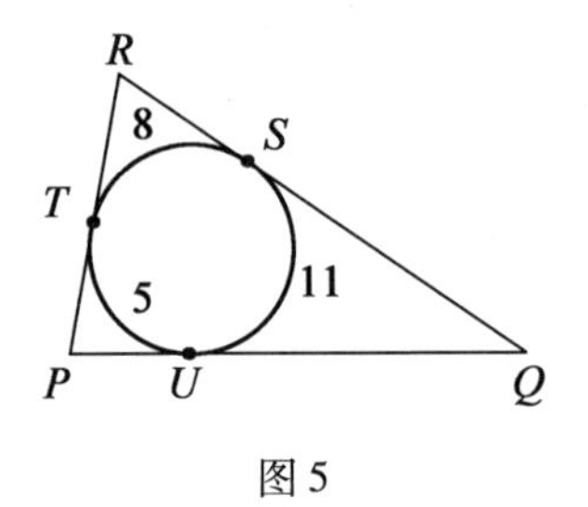

图 5

解 如图 6,设 O 为圆心,由于 $5+8+11=24$, $360\div 24=15$,所以

$$\angle TOU=5\times 15^\circ=75^\circ$$

$$\angle SOT=8\times 15^\circ=120^\circ$$

和

$$\angle UOS=11\times 15^\circ=165^\circ$$

因为 $OU\perp PQ$, $OS\perp QR$ 和 $OT\perp RP$,可知

$$\angle TPU+\angle TOU=\angle SRT+\angle SOT$$

$$=\angle UQS+\angle UOS=180^\circ$$

由此得到 $\angle TPU=105^\circ$, $\angle SRT=60^\circ$ 和 $\angle UQS=15^\circ$. 它们的比为 $7:4:1$. (A)

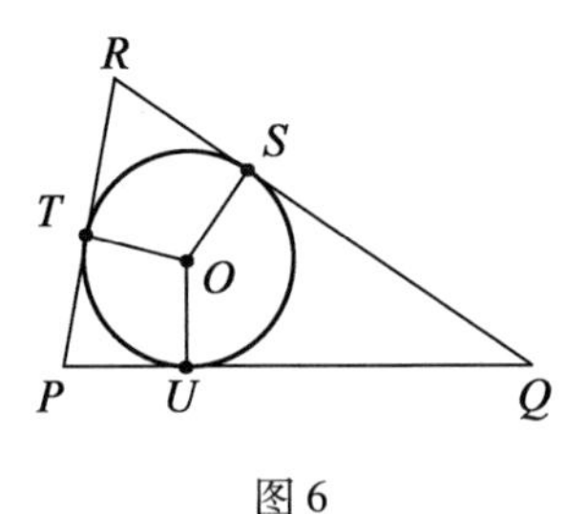

图 6

19. 杰克(Jack) 和莫温娜(Morwenna) 站在行人天桥上,注视着下面繁忙行驶的汽车. 他们算出,在左

行车道上行驶的汽车的速度为 80 km/h,而在右行车道上行驶的汽车的速度为 100 km/h. 此外,他们发现,在任何给定的时间间隔内,左右两行车道上行驶的汽车在天桥下通过的数目相同. 如果每辆汽车的长度为 3 m,在左行车道上行驶的汽车的间距为 13 m,那么在右行车道上行驶的汽车的间距是多少?(这里所说的间距是指一辆汽车的后端与紧跟着它的另一辆汽车的前端之间的距离)(　　).

A. 16 m　　B. 17 m　　C. 18 m

D. 19 m　　E. 20 m

解　在某一时间间隔内,在左右两行车道上行驶的汽车在天桥下通过的数目相同,即在左右两行车道上相继两辆汽车在天桥下通过所用的时间是相同的. 设在车速较快的一个行车道上汽车的间距为 x m. 相继两辆汽车在桥下通过所用的时间是它们前端的距离除以汽车的速度. 因为对左右两个行车道来说所用时间相同,所以得到方程

$$\frac{13+3}{80\ 000}=\frac{x+3}{100\ 000}$$

于是,$x+3=20$,$x=17$.　　(B)

20. 一位旅馆的清洁工,在他家中有 8 把钥匙,能够打开旅馆的所有房间. 每个房间只有 1 把钥匙能够打开. 如果 40% 的房间没有上锁,而这位清洁工随机地取 3 把钥匙带着去上班,那么他能打开指定的 1 个房间的概率是(　　).

A. $\frac{5}{8}$　　B. $\frac{5}{16}$　　C. $\frac{31}{40}$

D. $\frac{3}{20}$　　　　E. $\frac{19}{40}$

解法 1　指定的房间没有上锁的概率是$\frac{2}{5}$,在这种情况下,我们就认为清洁工能够进入房间. 指定的房间上锁的概率是$\frac{3}{5}$,在这种情况下,清洁工使用他所带的钥匙打开房门进入房间的概率是$\frac{3}{8}$. 因此,在后一种情况下清洁工能够进入房间的概率是

$$\frac{3}{5}\times\frac{3}{8}=\frac{9}{40}$$

清洁工能够进入指定的房间的概率是

$$\frac{2}{5}+\frac{9}{40}=\frac{16+9}{40}=\frac{5}{8}\qquad(\ \text{A}\ )$$

解法2　设M是"房间未上锁",N是"清洁工使用钥匙并且能进入指定房间",这时

$$\begin{aligned}P(M\cup N)&=P(M)+P(N)-P(M\cap N)\\&=\frac{2}{5}+\frac{3}{8}-\frac{2}{5}\times\frac{3}{8}\\&=\frac{16+15-6}{40}\\&=\frac{5}{8}\end{aligned}\qquad(\ \text{A}\ )$$

21. 从8名学生和6名教师中推选6人组成一个委员会,使得它至少包含3名学生和2名教师. 试问有多少种不同的推选方式?(　　)

A. 1 050种　　B. 1 120种　　C. 7 560种

D. 840 种　　　　E. 2 170 种

解　如果该委员会包含4名学生和2名教师,则其组成方式有

$$\binom{8}{4}\times\binom{6}{2}=\frac{8\times7\times6\times5}{4\times3\times2\times1}\times\frac{6\times5}{2\times1}=70\times15=1\ 050$$

如果该委员会包含3名学生和3名教师,则其组成方式有

$$\binom{8}{3}\times\binom{6}{3}=\frac{8\times7\times6}{3\times2\times1}\times\frac{6\times5\times4}{3\times2\times1}=56\times20=1\ 120$$

总共有 $1\ 050+1\ 120=2\ 170$(种)推选方式.

(　E　)

22. 一个数列 $a_1,a_2,a_3,\cdots$ 定义如下:$a_1=1$,其后每个数由关系式 $a_{n+1}=a_n(a_n+2)$ 递推定义. 例如,$a_2=1\times3=3,a_3=3\times5=15$. 从哪一项起开始超过 1 000 000 000?(　　)

A. a_5　　　　B. a_6　　　　C. a_{10}

D. a_{30}　　　　E. a_{127}

解　前4项是 $a_1=1,a_2=3,a_3=15,a_4=255$,以后各项计算起来非常麻烦. 但是,我们发现,这些数每一个都比2的一个幂小1:$a_1=2-1,a_2=2^2-1$,$a_3=2^4-1,a_4=2^8-1$,于是我们可以猜想 $a_n=2^{2^{n-1}}-1$. 这可以用数学归纳法来证明. 当 $n=1$ 时猜想成立,设当 $n=k$ 时猜想成立,即 $a_k=2^{2^{k-1}}-1$. 可以证明当 $n=k+1$ 时,猜想也成立

$$\begin{aligned}a_{k+1}&=a_k(a_k+2)\\&=(2^{2^{k-1}}-1)(2^{2^{k-1}}+1)\end{aligned}$$

$$= (2^{2^{k-1}})^2 - 1$$
$$= 2^{2^k} - 1$$

我们来求使得

$$2^{2^{n-1}} - 1 \geqslant 1\ 000\ 000\ 000$$

成立的最小的n. 因为$2^{10} \approx 1\ 000$,所以求使得$2^{2^{n-1}} - 1 \geqslant 2^{30}$的最小的$n$,即$2^{n-1} \geqslant 30$,即$n - 1 = 5$,即$n = 6$.

(B)

23. 如图7,在矩形$PQRS$的各边PQ,QR,RS和SP上分别选取点T,U,V,W,使得$PT = PW = RU = RV$. 如果$PQ = 60,QR = 40,TUVW$的最大面积是(　　).

A. 1 200　　B. 1 250　　C. 1 300

D. 1 350　　E. 1 150

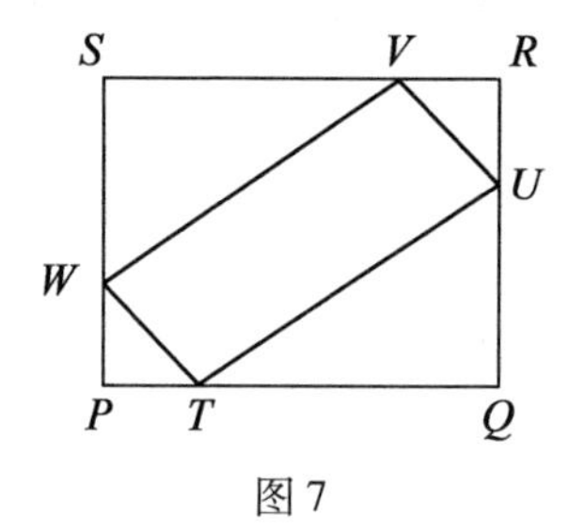

图 7

解　设$x = PT = PW = RU = RV$,这时$TUVW$的面积可以这样来计算,即由矩形的面积减去四角上的四个三角形的面积. 因此,我们得到

$$60 \times 40 - x^2 - (60 - x)(40 - x)$$
$$= 100x - 2x^2$$
$$= 1\ 250 - 2(x - 25)^2$$

当$x = 25$时取最大值,故得最大面积为1 250.

(B)

24. 一次竞赛的试卷有30道题,答对一道题得12分,答错一道题扣掉7分,没有给出答案得0分. 如果莉迪亚(Lydia)得了209分,那么她答对多少道题?(　　)

A. 16道　　B. 17道　　C. 18道

D. 19道　　E. 20道

解　我们寻求正整数x和y,使得$12x-7y=209$,其中$0\leqslant x+y\leqslant 30$. 把这个方程改写为

$$12(x+y)=19(y+11)$$

由此可知$x+y$可被19整除,所以$x+y=19$,因为19的其他倍数都大于30,而且$0\leqslant x+y\leqslant 30$. 于是$y+11=12$,$y=1$,所以$x=18$.　　(C)

25. 集合$\{1,2,3,\cdots,50\}$的一个子集P具有这样的性质:它的任何两个不同元素之和都不能被7整除. 试问子集P最多能有多少个元素?(　　)

A. 21个　　B. 22个　　C. 23个

D. 24个　　E. 25个

解　设$r(a)$表示当a除以7时所得的余数. 因此,我们不能有$a,b\in S$,$r(a)+r(b)$不能被7整除. 特别是,最多只能有一个数能被7整除. 其他余数1,2,3,4,5和6可以组成三个集合$\{1,6\}$,$\{2,5\}$,$\{3,4\}$,其中两个数的和都是7,因此每一对数中只能有一个数作为余数出现. 例如,一个最大的集合是

$\{1,2,3,7,8,9,10,15,16,17,22,23,24,29,30,$

$31,36,37,38,43,44,45,50\}$　　(C)

26. 从100到999(包含100和999)有多少个这样

的三位数,其中一个数字是另外两个数字的平均值?(　　)

A. 121　　B. 117　　C. 112

D. 115　　E. 105

解　首先考虑三个数字相等的情况,这时有 9 个数:111,222,…,999. 然后考虑三个数字不全相等的情况:平均值为 8 的,只有一种组合 897;平均值为 7 的,有两种组合 786 和 795;平均值为 6 的,有三种组合 675,684 和 693;平均值为 5 的,有四种组合 564,573,582 和 591;由于对称性,平均值为 4 的,有四种组合 453,462,471 和 480;平均值为 3 的,有三种组合 342,351 和 360;平均值为 2 的,有两种组合 231 和 240;平均值为 1 的,只有一种组合 120. 共有 20 种组合,对于其中不含 0 的 16 种组合,每种组合有 6 个不同的数,对于含有 0 的 4 种组合,每种组合有 4 个不同的数(0 不能在首位). 因此,这种数总共有 $9+16\times 6+4\times 4=121$(个).　　(A)

27. 写出所有的数 2,3,…,100,以及其中所有的每两个数的积,所有的每三个数的积,……,直到所有的 99 个数的积. 所有写出的这些数的倒数之和 S 是(　　).

A. 49　　B. 49. 5　　C. 50

D. 50. 5　　E. 51

解　设 $n=99$,考虑积

$$\left(1+\frac{1}{2}\right)\left(1+\frac{1}{3}\right)\cdots\left(1+\frac{1}{n+1}\right)$$

的展开式. S 中的每一个数在这个展开式中出现一次且仅出现一次,此外还多出一个1. 因此,我们所要求的和 S 是

$$\left(1+\frac{1}{2}\right)\left(1+\frac{1}{3}\right)\cdots\left(1+\frac{1}{n+1}\right)-1$$

$$=\frac{3}{2}\cdot\frac{4}{3}\cdot\cdots\cdot\frac{n+2}{n+1}-1$$

$$=\frac{n+2}{2}-1=\frac{n}{2}$$

所以倒数之和 S 是$\frac{99}{2}$,即49. 5.　　(B)

28. 设 P 是一个正方形的内点,它与正方形三个顶点的距离如图8所示. 该正方形的面积必定是(　　).

A. 17 cm^2　　B. $4\sqrt{19}\,\mathrm{cm}^2$　　C. 16. 81 cm^2

D. 20. 25 cm^2　　E. $4\sqrt{17}\,\mathrm{cm}^2$

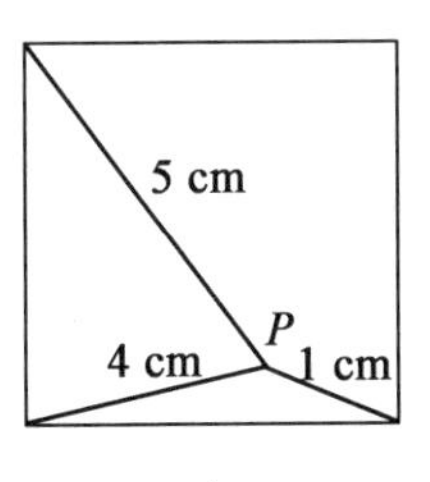

图8

解　设正方形的边长为 a,而 x 和 y 表示图9中所给的距离. 这时由毕达哥拉斯定理得到

$$x^2+y^2=16$$

$$x^2+(a-y)^2=25$$

$$(a-x)^2+y^2=1$$

由第二个方程和第三个方程减第一个方程,由所得方程解出 x 和 y,有

$$x = \frac{a^2 + 15}{2a} \text{和} y = \frac{a^2 - 9}{2a}$$

把这两个值代入第一个方程,重新排列,得到

$$a^4 - 26a^2 + 153 = 0$$

解这个关于 a^2 的二次方程,得到 $a^2 = 17$ 或 9. 舍去第二个解,因为边长为 3 的正方形不能包含与其一个顶点距离为 5 的点. 因此 a^2 必定为 17. (A)

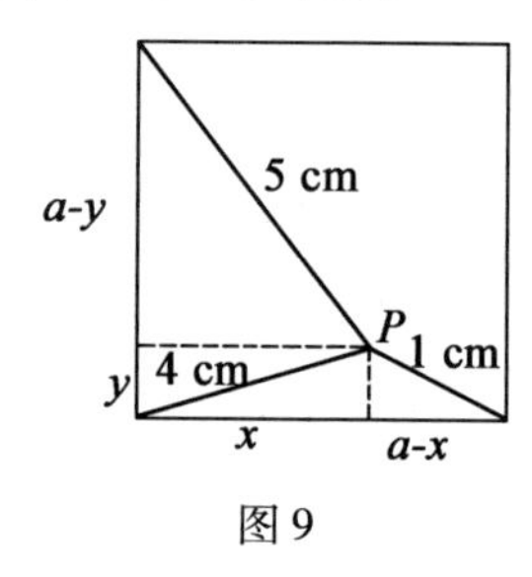

图 9

29. 如果 m 和 n 是正整数,满足

$$\frac{m + n}{m^2 + mn + n^2} = \frac{4}{49}$$

则 $m + n$ 必定是( ).

A. 4　　B. 8　　C. 12

D. 16　　E. 20

解　假设 $m + n = 4k, m^2 + mn + n^2 = 49k$. 这时

$$m^2 + 2mn + n^2 = (m + n)^2 = (4k)^2 = 16k^2$$

因此,$mn = 16k^2 - 49k$. 因为 $mn > 0$,所以由 $16k^2 - 49k > 0$,我们得到 $k > 3$. 因为我们还有恒等式

$$mn = \left(\frac{m + n}{2}\right)^2 - \left(\frac{m - n}{2}\right)^2$$

以及

$$\left(\frac{m-n}{2}\right)^2 \geqslant 0$$

所以我们又得到

$$0 \leqslant \left(\frac{m+n}{2}\right)^2 - mn = \left(\frac{4k}{2}\right)^2 - (16k^2 - 49k)$$

$$= 49k - 12k^2$$

由此推出 $k \leqslant 4$. 所以 $k = 4$(因为 k 必须是一个整数)，$m + n = 16$ 和 $mn = 60$, $n = 10$, 而 $m^2 + mn + n^2 = 196$. 事实上

$$\frac{m+n}{m^2+mn+n^2} = \frac{16}{196} = \frac{4}{49} \qquad (\quad D \quad)$$

30. 包围着三个半径均为1个单位的互不重叠的圆盘的最小正方形的边长是(　　).

A. $\frac{4+\sqrt{2}+\sqrt{6}}{2}$　　B. 4　　C. $2+\sqrt{3}$

D. $\sqrt{2}+\sqrt{6}$　　E. $3+\sqrt{2}$

解法1　把中心为 P, Q 和 R 的三个圆盘分别称为圆盘1, 圆盘2和圆盘3. 首先注意在包含三个圆盘的最小正方形中, 必定有一对平行边分别与一个圆盘相切. 暂且把这两条边称为边1和边2. 然后滑动这个正方形(如果有必要), 使得第三边(边3)也与一个圆盘相切. 如果这三条边分别与三个不同的圆盘相切, 则可滑动这个正方形(如果有必要), 使得第四边也与一个圆盘相切. 这个圆盘必定不同于与第三边相切的圆盘(因为包含三个其中心处于一条直线上的圆盘的正方形不是最小的,它的对角线必定大于6,面积必定大于$\left(\frac{6}{\sqrt{2}}\right)^2=18$). 因此可以假定存在这样一个圆盘,它与一对相邻的边相切,比如,圆盘1与边TS,SU相切. 由圆的几何学可知,SP处于这个正方形的对角线SV上(图10).

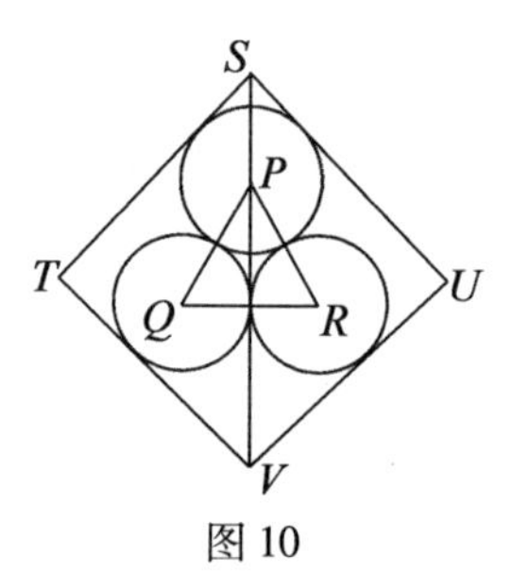

图10

现在,PQ,QR和RP的长度都至少为2. 因此,如果这三条线段中的任何一条与正方形的一条边所成的角小于或等于$\frac{\pi}{12}$,则这条边的长度大于或等于

$$1+1+2\cos\frac{\pi}{12}=\frac{4+\sqrt{2}+\sqrt{6}}{2}$$

由此可知,$\triangle PQR$是边长为2的等边三角形,它关于SV是对称的. 例如,如果$\alpha\leqslant\frac{\pi}{12}$和$\beta\leqslant\frac{\pi}{12}$,则

$$\angle PQR\geqslant\frac{\pi}{2}-\frac{\pi}{6}=\frac{\pi}{3}$$

同样有,$\angle PRQ\geqslant\frac{\pi}{3}$,$\angle QPR\geqslant\frac{\pi}{3}$. 由于三角形的三内角之和等于$\pi$,所以这三个角都等于$\frac{\pi}{3}$. 现在,如果

$\alpha < \frac{\pi}{12}$,则有 $\beta > \frac{\pi}{12}$. 因此 $\alpha = \beta = \frac{\pi}{12}$.　　　(A)

解法 2　这里也采用解法 1 中的构图,但是用不同的方法来计算正方形的边长. 在这个图形中,P,Q 和 R 是三个圆盘的中心(图 11).(注意:PR 不平行于 SU,PQ 不平行于 ST.)F,K 和 H 是三个切点. 求出对角线 SV 的长度,然后再除以$\sqrt{2}$. 现在,$\triangle SPK$ 的三个角分别为 $90°$,$45°$ 和 $45°$. 所以 $SP = \sqrt{2}$. $\triangle PQR$ 是等边三角形,其边长为2. 所以 $PW = \sqrt{3}$. $\triangle QJF$ 的三个角也分别为 $90°$,$45°$ 和 $45°$. 所以 $QJ = \frac{1}{\sqrt{2}}$. 所以 $WG = \frac{1}{\sqrt{2}} = \frac{\sqrt{2}}{2}$. 此外,$FJ = \frac{\sqrt{2}}{2}$,$JG = QW = 1$,因此 $FG = 1 + \frac{\sqrt{2}}{2}$. 由于 $\triangle FGV$ 的三个角是 $90°$,$45°$ 和 $45°$,所以 $GV = 1 + \frac{\sqrt{2}}{2}$. 所以 SV 的长度是

$$
\begin{aligned}
& SP + PW + WG + GV \\
&= \sqrt{2} + \sqrt{3} + \frac{\sqrt{2}}{2} + 1 + \frac{\sqrt{2}}{2} \\
&= 1 + 2\sqrt{2} + \sqrt{3}
\end{aligned}
$$

所以边长等于$\frac{1}{\sqrt{2}} + 2 + \frac{\sqrt{3}}{\sqrt{2}}$ 或$\frac{4 + \sqrt{2} + \sqrt{6}}{2}$

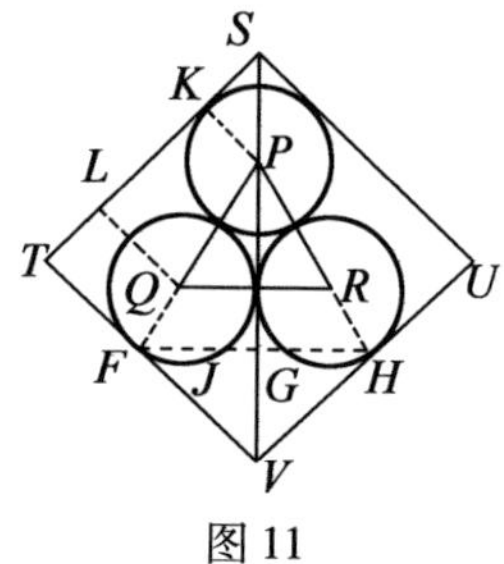

图 11

解法3 这个方法也采用解法1中的构图,也使用解法2的图形. 注意到 PQ 和 ST 之间的夹角为 $15°$. $ST = SK + KL + LT$. 其中 $SK = LT = 1$, $KL = PQ\cos 15° = 2\cos 15°$,因此 $ST = 2 + 2\cos 15°$. 而

$$\begin{aligned}\cos 15° &= \cos(45° - 30°)\\&= \cos 45°\cos 30° + \sin 45°\sin 30°\\&= \frac{1}{\sqrt{2}} \times \frac{\sqrt{3}}{2} + \frac{1}{\sqrt{2}} \times \frac{1}{2}\\&= \frac{\sqrt{3}}{2\sqrt{2}} + \frac{1}{2\sqrt{2}}\end{aligned}$$

所以

$$\begin{aligned}ST &= 2 + \frac{\sqrt{3}}{\sqrt{2}} + \frac{1}{\sqrt{2}}\\&= 2 + \frac{\sqrt{2} + \sqrt{6}}{2}\\&= \frac{4 + \sqrt{2} + \sqrt{6}}{2}\end{aligned}$$

第 4 章　1995 年试题

1. $(x^2y)(xy)$ 等于(　　).

A. x^2y^2　　B. x^2y^3　　C. x^3y^2

D. x^4y　　E. x^3y^3

解　$(x^2y)(xy)=x^{2+1}y^{1+1}=x^3y^2$.　　(C)

2. $5x^{-1}$ 等同于(　　).

A. $\frac{1}{5x}$　　B. $-\frac{5}{x}$　　C. $-5x$

D. $\frac{x}{5}$　　E. $\frac{5}{x}$

解　$5x^{-1}$ 等同于$\frac{5}{x}$.　　(E)

3. 下列各数中哪一个数是$\frac{1}{5}$ 和$\frac{13}{25}$ 的中间值?(　　)

A. $\frac{17}{25}$　　B. $\frac{7}{15}$　　C. $\frac{3}{5}$

D. $\frac{9}{25}$　　E. $\frac{8}{25}$

解　所求的数是$\frac{1}{5}$ 和$\frac{13}{25}$ 的平均值,即

$$\frac{\frac{1}{5}+\frac{13}{25}}{2}=\frac{\frac{5+13}{25}}{2}=\frac{18}{50}=\frac{9}{25}$$　(D)

4. 使得$\frac{2n}{5} < \frac{19}{3}$成立的最大的整数 n 是(　　).

A. 16　　B. 47　　C. 6

D. 15　　E. 9

解　如果

$$\frac{2n}{5} < \frac{19}{3}$$

则

$$n < \frac{95}{6} = 15\frac{5}{6}$$

因此,使得这个不等式成立的最大的整数 n 是 15.

(　D　)

5. 通过点(-3, -5),且平行于 x 轴的直线具有方程(　　).

A. $x = -3$　　B. $x = -5$　　C. $y = -3$

D. $y = -5$　　E. $5x = 3y$

解　在平行于 x 轴的直线上,y 是常数. 因为这条直线通过点(-3, -5),而在这一点上,$y = -5$,所以这条直线的方程是 $y = -5$.　(　D　)

6. 图 1 表示方程(　　).

A. $y = 2\sin x$　　B. $y = 2\cos x$

C. $y = \sin 2x$　　D. $y = \sin\frac{x}{2}$

E. $y = \cos\frac{x}{2}$

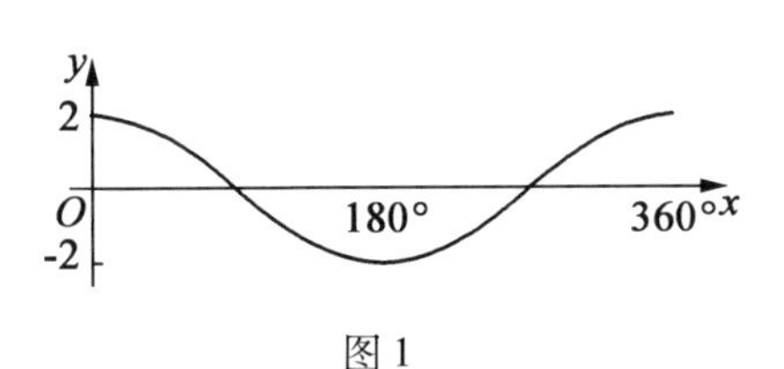

图1

解　这个图形与 $\cos x$ 的图形一样,不同的只是它在 -2 与2之间变化,而不是在 -1 与1之间变化. 所以这个图形表示 $2\cos x$.　　(B)

7. 如果 $a<b<c<d<e$,则下列哪个不等式永远为真?(　　)

A. $a+e<b+d$　B. $a+e<b+c+d$

C. $b+d<a+e$　D. $a+b+c<c+d+e$

E. $a+c+e<b+d$

解　选项A为假,因为 $1<2<3<4<10$,但是 $1+10>2+4$.

选项B为假,通过与选项A比较即可得知.

选项C为假,因为 $1<5<6<7<8$,但是 $5+7>1+8$.

选项D为真.

选项E为假,因为 $1<2<3<4<5$,但是 $1+3+5>2+4$.　　(D)

8. 如果 $G=H+\sqrt{\dfrac{4}{L}}$,则 L 等于(　　).

A. $\dfrac{4}{(G-H)^2}$　B. $4(G-H)^2$　C. $\dfrac{4}{G^2-H^2}$

D. $4(G^2-H^2)$　E. $\dfrac{1}{G^2-H^2}$

解　如果 $G = H + \sqrt{\frac{4}{L}}$,则

$$\sqrt{\frac{4}{L}} = G - H$$

即

$$\frac{4}{L} = (G - H)^2$$

即

$$L = \frac{4}{(G - H)^2} \qquad (\text{A})$$

9. 一个男孩以 12 km/h 不变的速度骑自行车. 他每分钟行驶(　　).

A. 20 m　　B. 200 m　　C. 400 m

D. 1 200 m　　E. 2 000 m

解　为了把速度单位由 km/h 化为 m/min,我们注意到 1 km = 1 000 m,1 h = 60 min,计算

$$12 \times \frac{1\ 000}{60} = 200 \qquad (\text{B})$$

10. 如图 2,在 $\triangle PQR$ 中,$PR = 14$,$PQ = 10$. 延长边 RQ 与垂线 PS 相交于点 S,使得 $QS = 5$. $\triangle PQR$ 的周长是(　　).

A. $24 + 5\sqrt{2}$　　B. $24 + 3\sqrt{3}$　　C. 29

D. 30　　E. 31

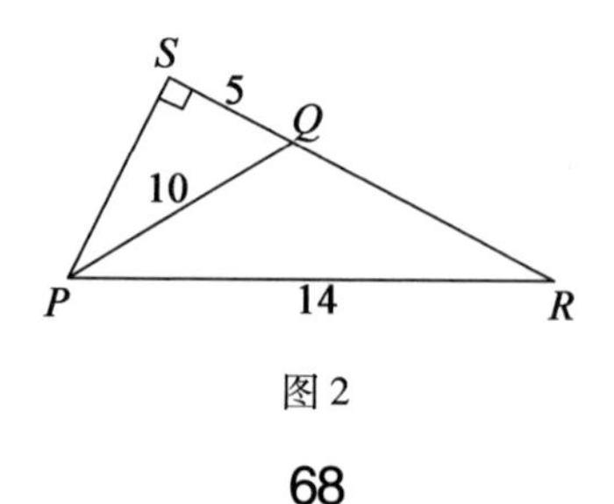

图 2

解 对于$\triangle PQS$应用毕达哥拉斯定理

$$PS=\sqrt{100-25}=\sqrt{75}$$

对于$\triangle PRS$应用毕达哥拉斯定理,有

$$RS=\sqrt{14^2-75}=\sqrt{196-75}=\sqrt{121}=11$$

因此,$RQ=11-5=6$,所以$\triangle PQR$的周长是$10+14+6=30$. (D)

11. 如果某矩形的长减少4 cm,宽增加3 cm,便得到一个正方形,其面积与原矩形相同. 原矩形的周长是(　　).

A. 44 cm　　B. 46 cm　　C. 48 cm

D. 50 cm　　E. 52 cm

解 设正方形的边长为x,则

$$x^2=(x+4)(x-3)=x^2+x-12$$

因此,正方形的边长为12 cm. 矩形的长为16 cm,宽为9 cm. 正方形和矩形的面积都是144 cm^2. 矩形的周长是$16+9+16+9=50$(cm). (D)

12. 在一个盒子里装着四枚硬币,其中三枚是正常的,一枚的两面均为头像. 桑德拉(Sandra)随机地取出一枚并投掷. 这枚硬币出现头像的概率是(　　).

A. $\frac{3}{8}$　　B. $\frac{1}{2}$　　C. $\frac{4}{7}$

D. $\frac{5}{8}$　　E. $\frac{5}{7}$

解法1 可能出现8种结果,每种结果出现的机会是均等的. 它们是

(1) 取出第一枚正常硬币,掷出头像(正面);

(2) 取出第一枚正常硬币,掷出反面;

(3) 取出第二枚正常硬币,掷出头像;

(4) 取出第二枚正常硬币,掷出反面;

(5) 取出第三枚正常硬币,掷出头像;

(6) 取出第三枚正常硬币,掷出反面;

(7) 取出两面头像的硬币,掷出头像(第一面);

(8) 取出两面头像的硬币,掷出头像(第二面).

可以看出8种结果出现的机会是均等的,其中有5种掷出头像. (D)

解法2 桑德拉取出正常硬币的概率是$\frac{3}{4}$,在这种情况下掷出头像的概率是$\frac{1}{2}$. 取出两面均为头像的硬币的概率为$\frac{1}{4}$,这时掷出头像的概率为1. 因此,所求的概率是

$$\frac{3}{4}\times\frac{1}{2}+\frac{1}{4}\times 1=\frac{3}{8}+\frac{1}{4}=\frac{5}{8} \quad (\ D\ )$$

13. 给定一个边长为4的正方形. 把第一个正方形各对邻边的中点相连,得到第二个正方形(图3). 用这种办法依次联结前一个正方形各对邻边的中点而得到后一个较小的正方形. 第12个正方形的边长(　　).

A. $\frac{1}{4}$　　B. $\frac{1}{8}$　　C. $\frac{1}{16}$

D. $\frac{1}{8\sqrt{2}}$　　E. $\frac{1}{16\sqrt{2}}$

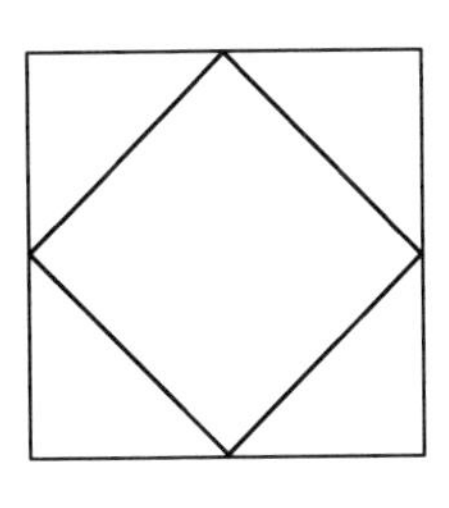

图3

解　注意,每进行一次,面积减少一半(表1).

表1

正方形的次序	1	2	3	4	5	6	…	12
面积	2^4	2^3	2^2	2^1	2^0	2^{-1}	…	2^{-7}

这样,第12个正方形的面积是2^{-7},所以它的边长是

$$(2^{-7})^{\frac{1}{2}} = \frac{1}{8\sqrt{2}} \qquad (\quad D \quad)$$

14. 在某一学校,星期一有15个学生缺席,星期二有12个学生缺席,星期三有9个学生缺席.如果在这三天至少有一天缺席的学生有22人,那么在这三天都缺席的学生最多有(　　).

A.5人　　B.6人　　C.7人

D.8人　　E.9人

解　三天都缺席的学生最多不能是8人,因为如果是8人的话,在星期一其他缺席的学生只有$15-8=7$人,在星期二只有$12-8=4$人,在星期三只有$9-8=1$人,即总共有$8+7+4+1=20$人.最多7人是可能的.这样,在星期一其他缺席的学生有$15-7=8$人,在星期二有$12-7=5$人,在星期三有$9-7=2$

人,即总共有 $7+8+5+2=22$ 人. (C)

15. 对于怎样的 k 值,方程 $kx-y=2$,$x+y=3$ 具有一个解 (x,y),其中 $x>0$,$y>0$?( )

A. $k>-1$　　B. $k<\frac{2}{3}$　　C. $-1<k<\frac{2}{3}$

D. $k<-1$　　E. $k>\frac{2}{3}$

解　直线 $kx-y=2$ 等价于直线 $y=kx-2$. 在图4上对于 $k=\frac{2}{3}$ 画出这一条直线,以及直线 $x+y=3$. 可以看出,所有形式为 $kx-y=2$ 的直线与 y 轴都相交于 -2,其中只有斜率 k 大于图4中画出的直线 $y=\frac{2}{3}x-2$ 的斜率 $\frac{2}{3}$ 的那些直线,才使得这一对方程在第一象限有唯一的解. (E)

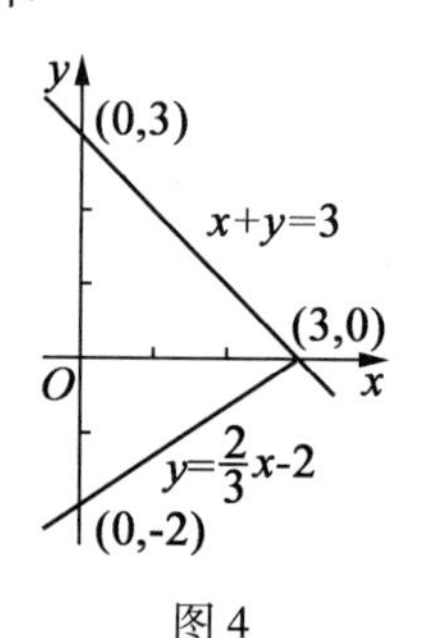

图4

16. 在一个具有 p 列、q 行的表格中,填入从1到 pq 的所有整数. 按由小到大的顺序来写,先写第一列,再写第二列,…… 数20处于第三列,数41处于第五列,而数103处于最末一列. $p+q$ 等于( ).

A. 21　　B. 22　　C. 23

D. 24　　　　E. 25

解　如果数20出现在第三列,则行数只能是7,8或9. 如果数41出现在第五列,则行数只能是9或10(如果行数是8,则第五列最末一个数是40). 因此行数是9. 如果103出现在最末一列,则这一列必定是第十二列(第十一列最末一个数是99). 所以$p=12,q=9$,而$p+q=21$.　　(　A　)

17. 一架小飞机,在静止的空气中飞行速度为320 km/h. 现在有风,风速不变,为40 km/h. 逆风飞行全程需时135 min. 顺风返回需要(飞机起飞和着陆的时间略去不计)(　　).

A. 94.5 min　　B. 105 min　　C. 118.125 min

D. 120 min　　E. 112.5 min

解　当逆风飞行时飞机的有效速度为280 km/h. 如果飞行全程需时135 min,则全程距离是

$$280\times\frac{135}{60}=630$$

当顺风返回时,有效速度为360 km/h,即6 km/min,所以飞行的时间(以分计)是

$$\frac{630}{6}=105$$　　(　B　)

18. $3^{17}+7^{13}$的最末一位数字是(　　).

A. 1　　B. 6　　C. 4

D. 2　　E. 0

解　我们可以通过展开幂3^n和7^n求出它们的末位数字来计算式$3^{17}+7^{13}$的末位数字. 我们算出$3^1=3,3^2=9,3^3=27,3^4=81$,并且继续下去,它们的末位

数字构成循环序列3,9,7,1,3,…,我们推出3^{17}的末位数字与3^1的末位数字相同,即为3.类似地,算出7的各次幂,得到它们的末位数字的循环数列7,9,3,1,7,…,可知7^{13}的末位数字与7^1的末位数字相同,即为7.最后相加,得到$3+7=10$的末位数字,即0. (E)

19. 在直线$4y+3x=12$上x^2+y^2的最小值是( ).

A. $\frac{144}{25}$ B. 9 C. 16

D. $\frac{81}{25}$ E. 25

解法1 利用图5中的表示法,首先看出

$$x^2+y^2=r^2$$

其次,$\triangle OPQ$是一个边长为3,4,5的三角形,所以有

$$\frac{OR}{OP}=\frac{4}{5}$$

$$OR=r=\frac{4}{5}\times 3=\frac{12}{5}$$

于是得到

$$r^2=\frac{144}{25} \qquad (A)$$

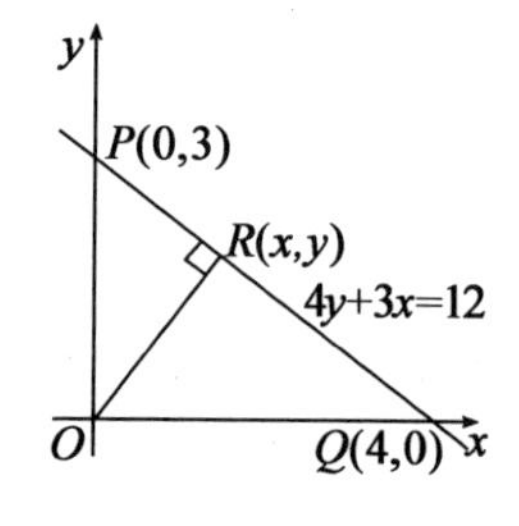

图5

解法 2　利用点与直线的距离公式,得到

$$r = \left|\frac{0 + 0 - 12}{5}\right|$$

$$r^2 = \frac{144}{25}$$

20. 两相交直线与一个圆相交于不同的四点 P,Q,R 和 S,如图 6 所示,两直线的交点 T 处于圆内. 如果 $\angle PTQ$ 是 $20°$,圆的半径是 5 cm,则 $\overset{\frown}{PQ}$ 和 $\overset{\frown}{RS}$ 的长度之和是(　　).

A. π cm　　B. $\frac{5\pi}{9}$cm　　C. $\frac{5\pi}{4}$cm

D. $\frac{10\pi}{9}$cm　　E. $\frac{9\pi}{5}$cm

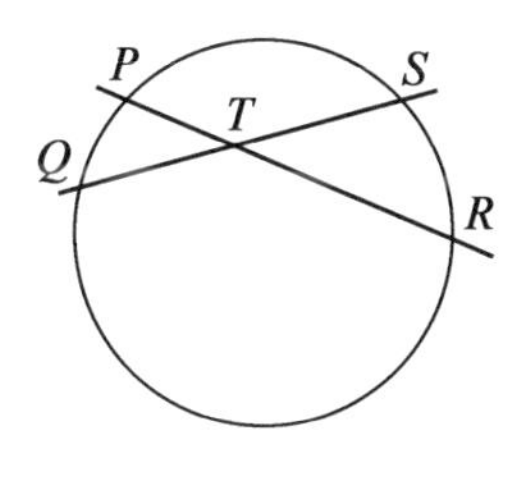

图 6

解法 1　如图 7,设两条直线相交于点 T,$\angle PRQ = x°$,$\angle SQR = y°$. 圆心为 O,联结 P,O 和 Q,O. $\angle POQ = 2x°$,即小圆 $\overset{\frown}{PQ}$ 所对的圆心角为 $2x°$,同样,小圆 $\overset{\frown}{RS}$ 所对的圆心角为 $2y°$. 因此,$\overset{\frown}{PQ} + \overset{\frown}{RS}$ 等价于圆心角 $2x° + 2y° = 2(x° + y°)$ 所对的圆弧. 但是 $\angle STR$ 是 $\triangle TQR$ 的一个外角,因此 $x° + y° = 20°$,$\overset{\frown}{PQ} + \overset{\frown}{RS}$ 等价于 $40°$ 圆

心角所对的圆弧,$\overset{\frown}{PQ}$ 与$\overset{\frown}{RS}$ 的长度之和是

$$\frac{40\times2\times\pi\times5}{360}=\frac{10\pi}{9} \qquad (\text{ D })$$

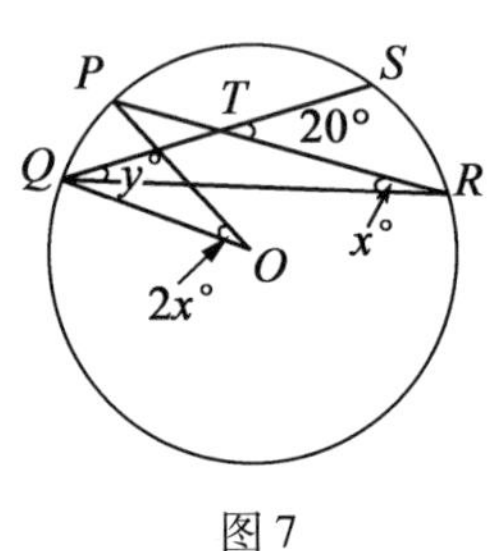

图 7

解法 2 可以把这个问题简化为两种特殊情况. 其一是当点 T 处于圆心时,其二是当点 T 处于圆上时(退化情况). 在后一种情况,两圆弧之和的长度等于对应20°圆周角或40°圆心角的圆弧的长度,这个弧长等于

$$\frac{40}{360}\times2\pi\times5=\frac{10\pi}{9} \qquad (\text{ D })$$

21. 下列数列具有一种很有趣的性质:任何 7 个相继的数相加都等于 -1,任何11 个相继的数相加都等于1

$$5,5,-13,5,5,5,-13,5,5,-13,5,5,5,-13$$

在这个数列的右端还能再增添多少个数,仍能保持这种性质?(　　)

A. 0　　B. 1　　C. 2

D. 3　　E. 4

解 显然,在右端增添的数只能是 5 和 -13,为了保持原来的性质,新产生的数列和原给定的最后 11 个数及 7 个数应当相匹配,因为在给定的数列中从右

端倒数第11,10,7,6个数都是5,为了保持原来的性质,可以在右端增添两个5,得到

$$5,5,-13,5,5,5,-13,5,5,-13,5,5,5,-13,5,5$$

在这种情况下,倒数第11个数是5,倒数第7个数是-13,因此不可能再延长这个数列了.　　　　(　C　)

22. 一个正方形 $PQRS$ 内接于一个以 TU 为直径的半圆,如图8所示.设 $PT=x$,$PR=y$.这时 $\frac{x}{y}$ 的值是(　　).

A. $\frac{\pi}{4}$　　　　B. $\frac{\sqrt{5}-1}{2}$　　　　C. $\frac{\sqrt{5}+1}{2\sqrt{2}}$

D. $\frac{\sqrt{5}-1}{2\sqrt{2}}$　　　　E. $\frac{3}{5}$

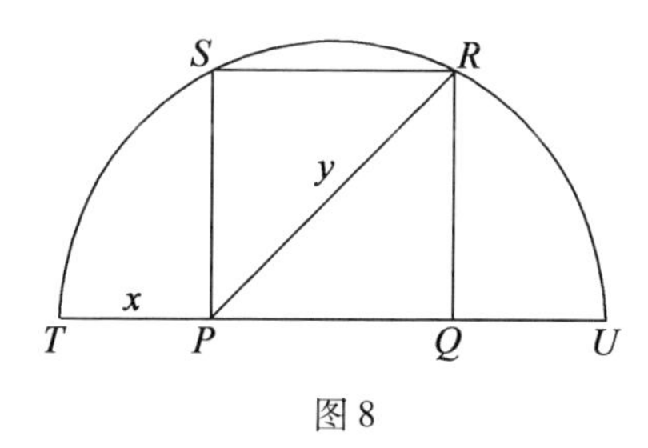

图8

解　如图9,首先注意到

$$PS=\frac{y}{\sqrt{2}}$$

在 Rt△PST 中,有

$$ST^2=x^2+\frac{y^2}{2}$$

在 Rt△PSU 中,有

$$SU^2=\left(x+\frac{y}{\sqrt{2}}\right)^2+\frac{y^2}{2}$$

因此,在 Rt△STU 中,有

$$\begin{aligned}&x^2+\frac{y^2}{2}+\left(x+\frac{y}{\sqrt{2}}\right)^2+\frac{y^2}{2}\\=&\left(2x+\frac{y}{\sqrt{2}}\right)^2\\=&4x^2+2\sqrt{2}xy+\frac{y^2}{2}\end{aligned}$$

由此得到 $2x^2+\sqrt{2}xy-y^2=0$. 除以 y^2,并且设 $z=\frac{x}{y}$,于是有 $2z^2+\sqrt{2}z-1=0$,这个二次方程的正根是

$$z=\frac{-\sqrt{2}+\sqrt{10}}{4}=\frac{\sqrt{5}-1}{2\sqrt{2}}\qquad(\text{D})$$

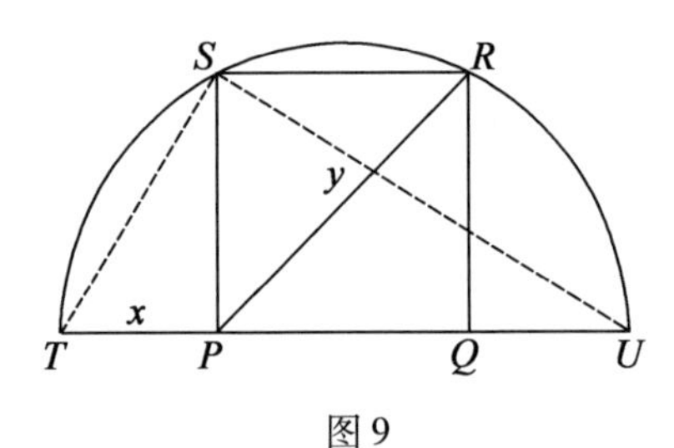

图 9

23. 莱普(R. P. Lap)和汤姆(K. Tom)进行骑马比赛,距离为 1 000 m. 汤姆先跑出 48 m. 然后他们以各自的速度向前奔跑,结果莱普到达终点时,汤姆还差 2 m. 当莱普追上汤姆时他已经跑了(　　).

A. 980 m　　B. 930 m　　C. 940 m

D. 950 m　　E. 960 m

解法1　汤姆跑950 m的时间,莱普跑了1 000 m. 设莱普追上汤姆时他已经跑了 x m,则在同样的时间里汤姆跑了($x-48$)m. 因此

$$\frac{x-48}{x}=\frac{950}{1\ 000}=0.95$$

$$x-48=0.95x$$

$$x=960$$　　(E)

解法2　莱普跑1 000 m的距离,超过汤姆50 m;因此,为了赶上汤姆,即比汤姆多跑48 m,莱普需要跑

$$\frac{48}{50}\times 1\ 000=960(\text{m})$$

24. $PQRSTU$ 是一个正六边形,V 平分 PQ,W 和 X 是两个截点,如图10所示. 试问梯形 $WXST$ 的面积：$\triangle UVW$ 的面积的值是(　　).

A. 2　　B. 3　　C. $\frac{2}{\sqrt{3}}$

D. $\sqrt{3}$　　E. $\sqrt{2}$

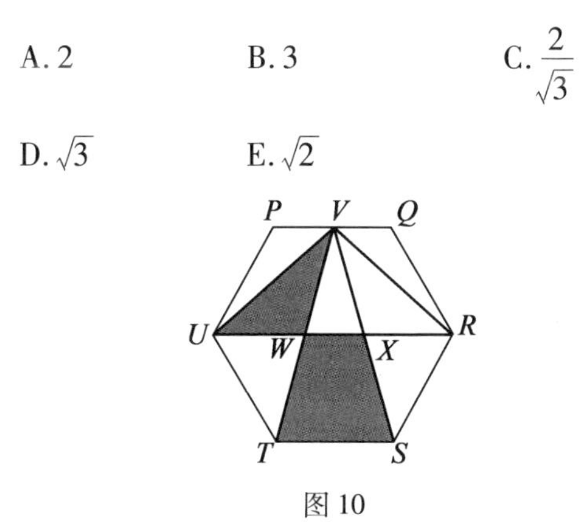

图10

解　首先,注意到 $RU=2ST$. 因此 $\triangle UVR$ 的面积 $=\triangle VTS$ 的面积,即梯形 $WXST$ 的面积 $=\triangle UVW$ 的面积 $+\triangle RVX$ 的面积 $=2\times\triangle UVW$ 的面积.　　(A)

25. 给定整数 m 和 n,使得 $1 \leqslant m < n$,这时方程 $-1 - x^m + x^n = 0$ 有多少个正根(　　).

A. 没有　　B. n　　C. 正好有一个

D. $n - m$　　E. 任意一个

解　原方程等价于 $x^n = 1 + x^m$,其中 $n > m \geqslant 1$. 考虑函数 $y = x^n$ 和 $y = 1 + x^m$,其中 $n > m \geqslant 1$. 函数 $y = x^n$ 增长比较快,并且与另一个函数 $y = 1 + x^m$ 仅仅相交一次(图 11).　　　　(C)

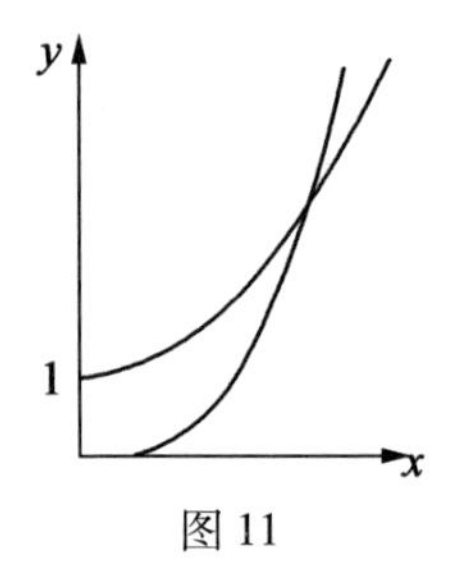

图 11

26. 有连在一起的 16 张邮票,如图 12 所示. 要挑选出相连的三张邮票,试问有多少种不同的方式?(　　)

A. 41 种　　B. 40 种　　C. 42 种

D. 35 种　　E. 44 种

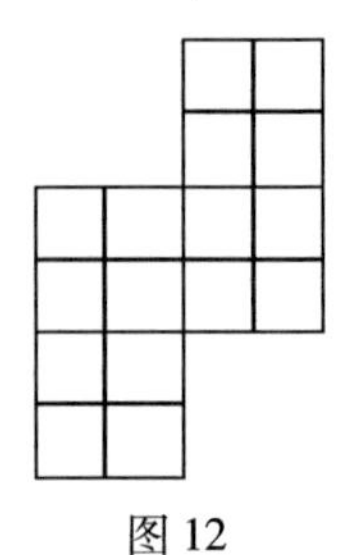

图 12

解　我们分别数一数,挑选下列各种形状的相连的三张邮票的不同方式的数目(图 13):

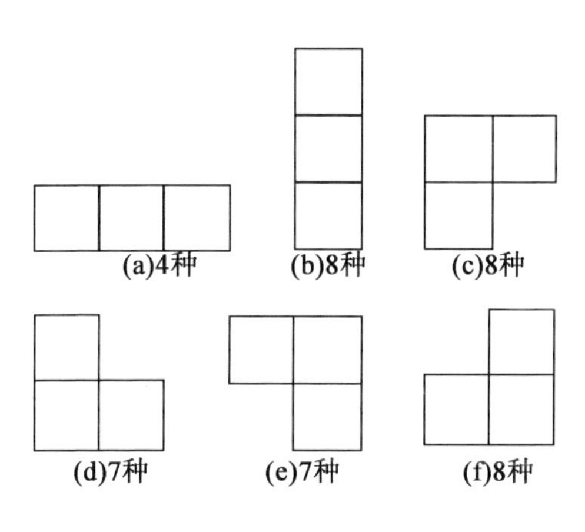

图 13

总共有 $4+8+8+7+7+8=42$(种).　(C)

27. 如图 14,点 S,T 和 U 分别在 $\triangle PQR$ 的三边上,并将三边都分割为 $r:1$,其中 r 是一个正整数. $\triangle STU$ 的面积至少是 $\triangle PQR$ 的面积的 $\frac{3}{4}$. 满足上述条件的 r 的最小值是(　　).

A. 7　　B. 8　　C. 9

D. 10　　E. 11

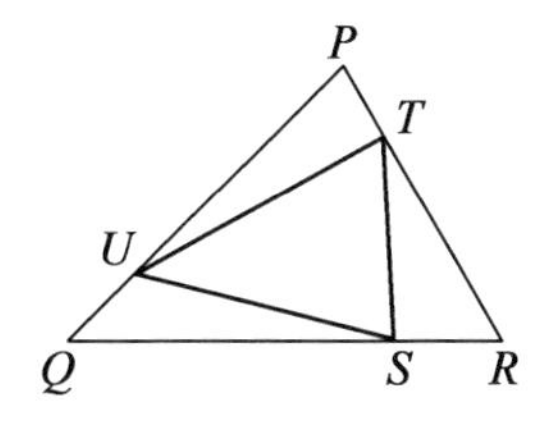

图 14

解　利用相似三角形,可知

$$\triangle UQS \text{ 的高}:\triangle PQR \text{ 的高} = 1:(1+r)$$

和

$$\triangle UQS \text{ 的底}:\triangle PQR \text{ 的底} = r:(r+1)$$

所以

$$\triangle UQS \text{ 的面积}:\triangle PQR \text{ 的面积} = r:(r+1)^2$$

并且因为

$$\triangle UTS \geqslant \frac{3}{4}\triangle PQR$$

所以

$$\triangle UQS \leqslant \frac{1}{12}\triangle PQR$$

即

$$12r \leqslant r^2 + 2r + 1$$
$$0 \leqslant r^2 - 10r + 1$$

这个二次方程的两个根是 $5 \pm 2\sqrt{6}$. 小根界于 0 与 1 之间(对应于比 $1:r$),大根界于 9 与 10 之间.　(　D　)

28. 给定一个 2×3 的表格,其中每个方格涂成黑色或白色(图 15 表示一种可能的初始涂色). 该表格中任何一行或任何一列的所有方格的颜色可以同时改变任意多次. 通过这样的变色操作,该表格中黑方格最少能达到(　　).

A. 0　　　　B. 0 或 1,取决于初始涂色

C. 1　　　　D. 0,1 或 2,取决于初始涂色

E. 0 或 2,取决于初始涂色

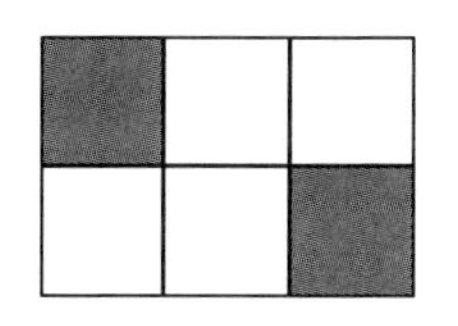

图 15

解　在任何一行中,如果黑方格的个数大于1,则对这一行实行变色操作,使得在任何一行中黑方格的个数都不超过一个. 如果在这个表格中仍然有两个黑方格,那么它们可能在同一列,也可能不在同一列. 如果它们在同一列,则对这一列实行变色操作,结果黑方格的个数为零. 如果它们不在同一列,则对其中一列实行变色操作,结果其中一行全都成为白方格,而另一行有两个黑方格和一个白方格. 再对有两个黑方格的一行实行变色运算,结果表格中剩下一个黑方格. 如果表格中只有一个黑方格,则不可能把它去掉. 譬如说,这个黑方格在左上角,那么考虑最左面两列的 2×2 正方形. 这时不论怎样操作,都不可能改变这个正方形中黑方格的个数. 因此至少保留一个黑方格.　　(B)

29. 如果实数 x,y 和 z 满足

$$x^2+y^2+z^2-xy-yz-zx=8$$

则 x,y 和 z 中任何两个数之间的最大可能的差是(　　).

A. $\frac{4}{\sqrt{3}}$　　B. $4\sqrt{\frac{3}{2}}$　　C. $4\sqrt{\frac{2}{3}}$

D. 4　　E. $2\sqrt{2}$

解法1　我们注意到

$$x^2+y^2+z^2-xy-yz-xz$$
$$=\left(x^2+\frac{y^2}{4}+\frac{z^2}{4}-xy+\frac{yz}{2}-xz\right)+\left(\frac{3y^2}{4}+\frac{3z^2}{4}-\frac{3}{2}yz\right)$$
$$=\left(x-\frac{y}{2}-\frac{z}{2}\right)^2+\frac{3}{4}(y-z)^2$$
$$=8$$

因此

$$\frac{3}{4}(y-z)^2\leqslant 8$$

即 $y-z\leqslant 4\sqrt{\frac{2}{3}}$. (C)

解法 2 由配方,我们有

$$(x-y)^2+(y-z)^2+(z-x)^2=2d$$

(注意:在此问题中 $d=8$.) 这给出三个量 $x-y$, $y-z$, $z-x$ 的最大值的一个上界,即 $\sqrt{2d}$,但是不难验证这个上界是达不到的,因此我们必须另作考虑. 进一步,设 $a=x-y$, $b=y-z$, $c=z-x$. 这时

$$a^2+b^2+c^2=2d$$

以及

$$a+b+c=0$$

由这两个方程消去 c,得到

$$a^2+ab+b^2=d$$

关于 a 进行配方

$$\left(a+\frac{b}{2}\right)^2+\frac{3}{4}b^2=d$$

由此可知

$$|b| \leqslant 2\sqrt{\frac{d}{3}}$$

当且仅当 $a=c=-\frac{b}{2}=\pm\sqrt{\frac{d}{3}}$ 时等式成立. 因此,所求得最大差是 a,b 和 c 的最大值. 在这种情况,它是 b,b 的绝对值是

$$2\sqrt{\frac{d}{3}}=2\sqrt{\frac{8}{3}}=4\sqrt{\frac{2}{3}}$$

解法3　同解法2一样,建立方程

$$a^2+b^2+c^2=2d$$

以及

$$a+b+c=0$$

这时

$$c^2=(a+b)^2\leqslant 2(a^2+b^2)$$

所以

$$\frac{3}{2}c^2\leqslant a^2+b^2+c^2=2d$$

由此也可得到结果.(解法3提供了通过柯西(Cauchy)-施瓦兹(Schwarz)不等式直接推广本问题的一种思路)

解法4　给出的方程可以表示为

$$(x-y)^2+(x-y)(y-z)+(y-z)^2=d$$

由此可以得到一个等价的方程

$$\left(x-\frac{1}{2}(y+z)\right)^2+\frac{3}{4}(y-z)^2=d$$

可知所求的最大值是 $2\sqrt{\frac{d}{3}}$,例如,当 $y-z=2\sqrt{\frac{d}{3}}$ 和

$x = \frac{1}{2}(y + z)$ 时便得到这个等式.

注 解法2给出这个问题的一个等价的几何表述:求处于球面

$$x^2 + y^2 + z^2 = 2d$$

和平面

$$x + y + z = 0$$

的交线上的点 $P(x,y,z)$ 的最大坐标.

第5章 1996年试题

1. $7x-5+7-5x$ 等于( ).

A. $2x-4$ B. $2x-2$ C. $2x+2$

D. $2x-6$ E. $2-2x$

解 $7x-5+7-5x=2x+2$. (C)

2. 如果 $3^{x+1}=81$,则 x 等于( ).

A. 1 B. 2 C. 3

D. 4 E. 5

解 $3^{x+1}=81\Leftrightarrow 3^{x+1}=3^4\Leftrightarrow x=3$. (C)

3. 如果 $5n+7>100$,而 n 是一整数,则最小的可能的 n 值是( ).

A. 18 B. 19 C. 20

D. 21 E. 22

解

$$5n+7>100$$

$$5n>93$$

$$n>18\frac{3}{5}$$

因此,$n=19$. (B)

4. $\frac{m}{m-n}+\frac{n}{n-m}$ 等于( ).

A. n^2-m^2 B. $2mn$ C. $\frac{mn+m^2+n^2m^2}{m^2-n^2}$

D. 1　　　　　E. $m-n$

解　$$\frac{m}{m-n}+\frac{n}{n-m}=\frac{m}{m-n}-\frac{n}{m-n}$$

$$=\frac{m-n}{m-n}$$

$$=1$$

(D)

5. 在下列数中,哪一个数最大?(　　)

A. $\frac{4}{0.4}$　　　B. $\frac{4}{0.44}$　　　C. $\frac{4}{0.4^2}$

D. $\frac{4}{\sqrt{0.44}}$　　　E. $\frac{4}{0.44^2}$

解　因为所有的分子都是4,所以我们需要选择分母最小的分数,这个分母显然是$0.4^2=0.16$.

(C)

6. 在下列三角形中,哪一个具有最大的面积?(　　)

A. 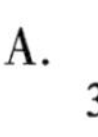

B. 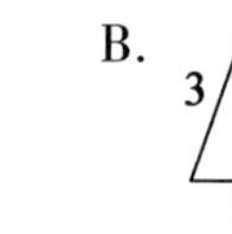

C. 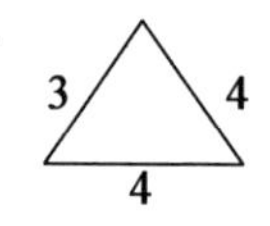

D. 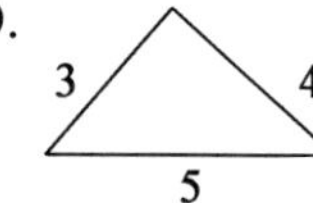

E. 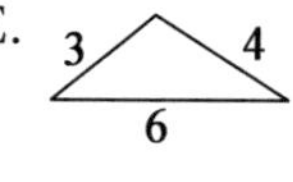

解　因为图中的每个三角形都具有长度分别为3单位和4单位的两条边,所以当这两条边成直角时,三角形的面积最大,这种情况出现在边长为3,4,5的三角形中.

(D)

7. 在一所学校里男生和女生人数之比是2∶3,女

生和教师人数之比是 $8:1$. 学生与教师人数之比是(　　).

A. $16:3$　　B. $5:1$　　C. $12:1$

D. $13:1$　　E. $40:3$

解　男生与女生人数之比是 $2:3=16:24$,女生与教师人数之比是 $8:1=24:3$. 所以男生、女生与教师人数之比是 $16:24:3$,学生与教师人数之比是 $40:3$.

(E)

8. 如图 1,$\triangle PRS$ 是等边三角形,它的面积是 $\triangle PRQ$ 的面积的 $\frac{1}{2}$. $\angle PRQ$ 是(　　).

A. $75°$　　B. $80°$　　C. $90°$

D. $100°$　　E. $120°$

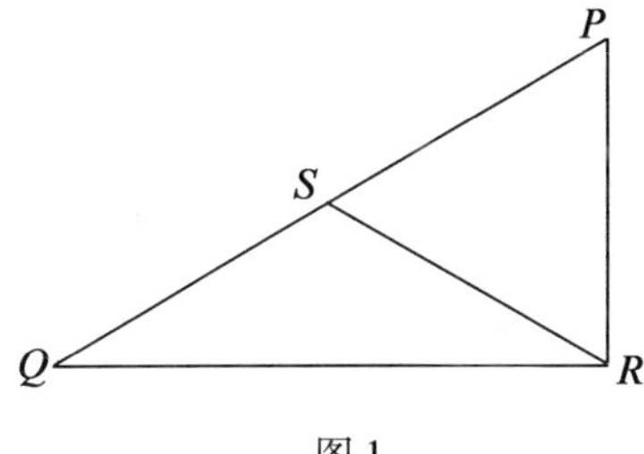

图 1

解　如图2,因为 $\triangle PSR$ 是等边三角形,所以每个角都是 $60°$. 因为 $\triangle PRS$ 的面积是 $\triangle PQR$ 的面积的一半,所以它与 $\triangle SRQ$ 的面积相等. 因为这两个三角形具有相同的面积和由 R 向 PQ 所引的相同的高,所以它们的底 PS 和 SQ 相等,因此 $RS=SQ$. 现在,$\angle QSR=120°$,$\angle SRQ=\angle SQR=30°$. 于是 $\angle PRQ=60°+30°=90°$.　　(C)

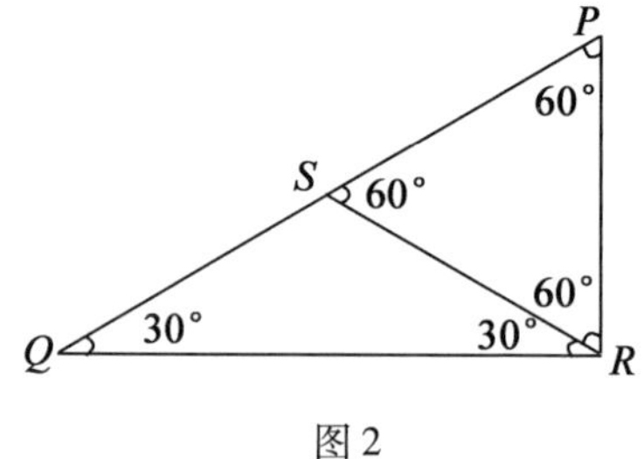

图 2

9. 乔治(George)居住的一条街上有12户人家.每天他收到的信比其他任何一家收到的信都要多.今天有57封信投送到这条街上,那么乔治至少收到几封信?(　　)

A. 3封　　B. 4封　　C. 5封

D. 6封　　E. 7封

解　如果12户人家中的每一家都收到4封信,那么还多余9封信.再给其中8家(包括乔治家)每家1封信,剩下的1封信当然要给乔治,因此他至少收到6封信.　　(　D　)

10. 如果$f(x)=\dfrac{1}{1+x}$,则$f(f(x))$是(　　).

A. $\dfrac{1}{(1+x)^2}$　　B. $\dfrac{1+x}{2+x}$　　C. 1

D. $\dfrac{1}{2+x}$　　E. $\dfrac{2+x}{1+x}$

解

$$f(x)=\frac{1}{1+x}$$

$$f(f(x))=\frac{1}{1+\dfrac{1}{1+x}}$$

$$= \frac{x+1}{x+1+1}$$

$$= \frac{x+1}{x+2}$$

(B)

11. $y = 3x^2 - kx + 2$ 的图形关于直线 $x = \frac{1}{2}$ 是对称的, y 的可能的最小值是(　　).

A. $\frac{1}{2}$　　B. $5\frac{1}{2}$　　C. $-\frac{1}{4}$

D. $\frac{3}{4}$　　E. $\frac{5}{4}$

解　当

$$x = \frac{-k}{6} = \frac{1}{2}$$

时,即当 $k = -3$ 时出现对称轴. 因此,当 $x = \frac{1}{2}$ 时出现 y 的最小值,即

$$y\text{的最小值} = 3\left(\frac{1}{2}\right)^2 - \left(3 \times \frac{1}{2}\right) + 2$$

$$= \frac{3}{4} - \frac{3}{2} + 2 = 2 - \frac{3}{4} = \frac{5}{4}$$

(E)

12. 一位生产蘑菇的农夫按照订单把70 kg的蘑菇装在标准箱子中送往市场. 如果他用大号箱子,每只箱子可以多装2 kg,那么他将少用4只箱子. 标准箱子的容量是(　　).

A. 2 kg　　B. 5 kg　　C. 7 kg

D. 10 kg　　E. 14 kg

解法1 $70=2\times5\times7$,因此我们只能考虑与2不同的两个因数(因为两种箱子容量之差是2 kg),因此容量必定是5 kg和7 kg,所以标准箱子的容量是5 kg.

(B)

解法2 设标准箱子的容量是x,则大箱子的容量是$x+2$,于是

$$\frac{70}{x}-\frac{70}{x+2}=4$$

$$70(x+2)-70x=4x^2+8x$$

$$x^2+2x-35=0$$

$$(x+7)(x-5)=0$$

$$x=5(\text{舍去负根})$$

13. 把-5和4之间(包括-5和4)的奇数与-5和4之间(包括-5和4)的偶数配对. 设N是这些数对之积的和,最小的可能的N值是( ).

A. -41　　B. -40　　C. -28

D. -10　　E. 0

解 最小的乘积由最小的奇数与最大的偶数配对而得到

$$\begin{array}{r}-5\\ \times\ \ 4\\ \hline -20\end{array}\qquad\begin{array}{r}-3\\ \times\ \ 2\\ \hline -6\end{array}\qquad\begin{array}{r}-1\\ \times\ \ 0\\ \hline 0\end{array}\qquad\begin{array}{r}1\\ \times\ -2\\ \hline -2\end{array}\qquad\begin{array}{r}3\\ \times\ -4\\ \hline -12\end{array}$$

因此,得到的最小的和是-40.　　(B)

14. 如图3,把一个等边三角形绕其中心O旋转180°. 原三角形被旋转后的三角形所覆盖部分的面积是原三角形面积的( ).

A. $\frac{1}{2}$　　B. $\frac{1}{9}$　　C. $\frac{2}{3}$

D. $\frac{5}{8}$　　E. $\frac{3}{4}$

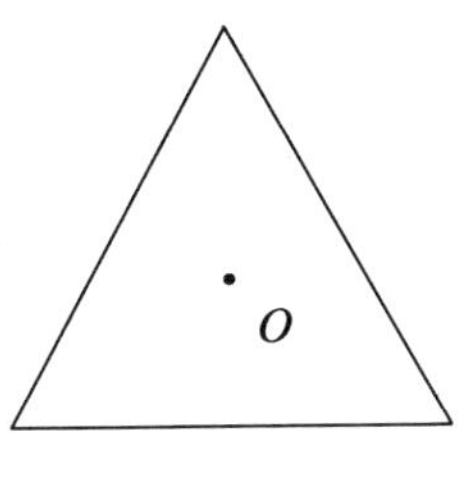

图 3

解　可以把这个等边三角形划分成 9 个全等的小等边三角形，当原三角形被旋转 180° 以后，重叠的部分为 6 个小等边三角形，如图 4 所示，即

$$\frac{6}{9}=\frac{2}{3}$$　　　(C)

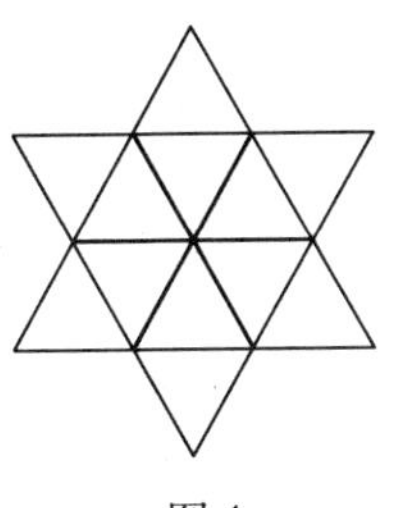

图 4

15. 一个高尔夫球打到半径为 12 m 的圆形果岭区域. 假设高尔夫球落在该区域内各点的机会是均等的，而球洞离该区域的边缘至少为 1 m，那么球的着地点与球洞的距离小于 1 m 的概率是(　　).

A. $\frac{1}{12}$　　B. $\frac{7}{12}$　　C. $\frac{11}{42}$

D. $\frac{1}{24}$　　E. $\frac{1}{144}$

解　球的落点与球洞的距离小于1 m,就是球落在半径为1 m的圆内,这个圆的面积是$\pi\times1^2=\pi$.

界岭区域的面积是$\pi\times12^2=144\pi$.

因此,球的落点与球洞的距离小于1 m的概率是

$$\frac{\pi}{144\pi}=\frac{1}{144}$$　　(E)

16. n个数的平均值为k. 当把另一个数x增添到这n个数中以后,平均值增加1. x的值是(　　).

A. $k+n+1$　　B. $k+1$　　C. n

D. $k+n$　　E. $\frac{n(k+1)}{n+1}$

解　n个数的平均值是k,所以它们的和是kn. 增添x以后,共有$n+1$个数,它们的平均值成为$k+1$. 于是

$$\frac{kn+x}{n+1}=k+1$$

$$kn+x=(n+1)(k+1)$$

$$=kn+k+n+1$$

因此$x=k+n+1$.　　(A)

17. OX,OY是$\frac{1}{4}$圆的两个半径. 以XY为直径画一个半圆,如图5所示. T,S和C表示图中的三角形、弓形和月牙形. $\frac{\text{面积}T}{\text{面积}C}$等于(　　).

A. $\frac{3}{\pi}$　　B. 1　　C. $\frac{13}{4\pi}$

D. $\frac{7}{2\pi}$　　E. $\frac{15}{4\pi}$

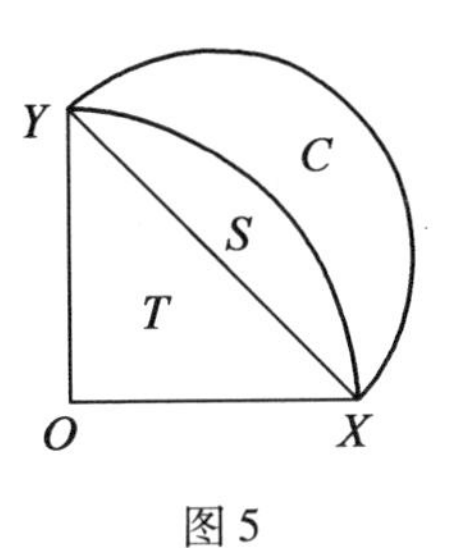

图5

解　设$\frac{1}{4}$圆的半径是 r. 由毕达哥拉斯定理,在$\triangle YOX$中,$YX = \sqrt{r^2 + r^2} = r\sqrt{2}$. $T + S$ 是半径为 r 的圆的$\frac{1}{4}$,于是

$$T + S = \frac{1}{4}\pi r^2$$

$S + C$ 是立于长度为 $r\sqrt{2}$ 的直径上的半圆,于是

$$S + C = \frac{1}{8}\pi(r\sqrt{2})^2 = \frac{\pi r^2}{4}$$

现在有

$$(T + S) - (C + S) = T - C = \frac{\pi r^2}{4} - \frac{\pi r^2}{4} = 0$$

即 $T = C$,因此

$$\text{面积 } T : \text{面积 } C = 1 \qquad (\text{ B })$$

注　通过计算 T 和 C 的面积都是$\frac{1}{2}r^2$,也可得到

同样的结果.

18. 有多少个两位数,使得这个数小于其两位数字之积(　　).

A. 0　　B. 1　　C. 2

D. 3　　E. 45

解　设两位数为 ab. 于是

$$10a+b-(a\times b)=a(10-b)+b$$

因为 $a>0,b<10$,所以上式总取正值,故不存在这样一对 a 和 b.　　(　A　)

19. 如图 6,在一个半径为 1 单位的圆中有一个内接等边 $\triangle PQR$. 两点 S 和 T 位于圆上,使得 $QRST$ 是一个矩形. 这个矩形的面积(平方单位)是(　　).

A. 3　　B. $\frac{3}{2}$　　C. 2

D. $\frac{\sqrt{3}}{2}$　　E. $\sqrt{3}$

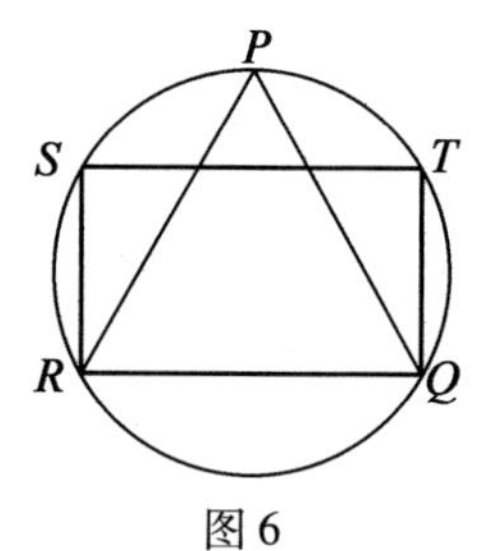

图 6

解　如图 7,联结点 R 和 T. RT 通过圆心 O,因为立于其上的圆周角是直角. 这样,$\angle TRQ=30°$. 因此,在 $\text{Rt}\triangle TRQ$ 中,$TQ=2\sin 30°=2\times\frac{1}{2}=1$. 并且

$$RQ=2\cos 30^\circ=\sqrt{3}$$

于是矩形 $RSTQ$ 的面积为 $1\times\sqrt{3}=\sqrt{3}$.　　　(　E　)

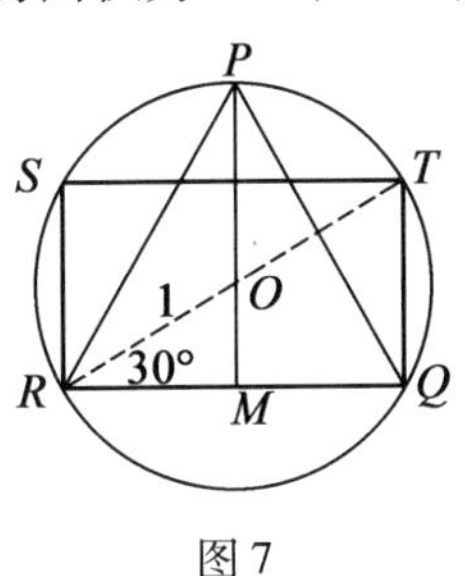

图7

20. 如果 $2\ 000^2-1\ 996^2=111ak^2$,其中 a 和 k 都是整数,则 $k-a$ 的最大值是(　　).

A. 4　　B. -5　　C. 11

D. 13　　E. -13

解　由已知条件

$$\begin{aligned}111ak^2&=2\ 000^2-1\ 996^2\\&=(2\ 000+1\ 996)(2\ 000-1\ 996)\\&=3\ 996\times 4\end{aligned}$$

$$\begin{aligned}ak^2&=36\times 4\\&=2^4\times 3^2\end{aligned}$$

当 a 取最小值时,即当 $a=1$ 时,出现 $k-a$ 的最大值.因此

$$k=2^2\times 3$$

于是 $k-a$ 的最大值 $=12-1=11$.　　　(　C　)

21. 未经格林(Green)太太允许,她的五个孩子中的一个或几个孩子就把一些果酱饼吃掉了.当她审问时,五个孩子分别回答如下:

阿塞(Ace):一个人吃了果酱饼.

比伊(Bea):两个人吃了果酱饼.

塞克(Cec):三个人吃了果酱饼.

迪伊(Dee):四个人吃了果酱饼.

伊夫(Eve):五个人吃了果酱饼.

格林太太根据过去她对孩子们品行的了解(诚实的孩子不偷吃,偷吃的孩子不诚实),就知道谁说的是谎话,谁说的是实话.吃了果酱饼的孩子的人数是(　　).

A. 1 个　　B. 2 个　　C. 3 个

D. 4 个　　E. 5 个

解　因为五个孩子说的话相互矛盾,所以最多只有一个人说的是实话.他们也不能都说谎,否则伊夫说的是实话,但是他本人也吃了果酱饼.只有迪伊说恰有一人没有吃果酱饼.由此可知,只有迪伊没有吃果酱饼,即四个人吃了果酱饼.　　(　D　)

22. 半径分别为 2 cm,3 cm 和 4 cm 的三个轮子放在水平面上,且彼此相切,如图 8 所示.最大轮的中心和最小轮的中心之间的距离是(　　).

A. 12 cm　　B. $2\sqrt{19+12\sqrt{2}}$ cm

C. $2\sqrt{21+12\sqrt{2}}$ cm　　D. $2\sqrt{37}$ cm

E. $2\sqrt{35}$ cm

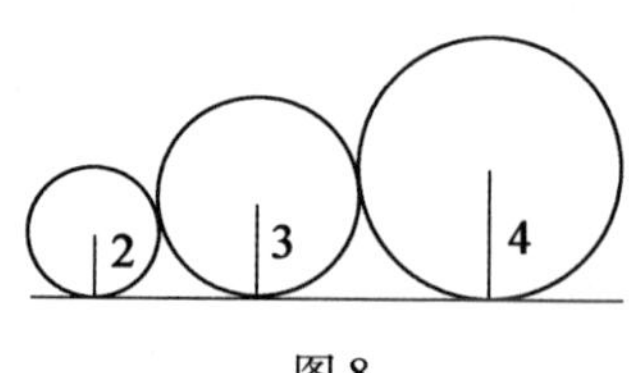

图 8

解　设三个圆心分别为 P,Q 和 R,三个圆与水平面的切点分别为 A,B,C,如图 9 所示. 联结 PQ,QR,PA,QB 和 RC. 注意. PQR 不是一条直线. 过 P 作直线平行于 AC,过 Q 作直线平行于 AC. 这时,由两个小直角三角形,有

$$AB=\sqrt{5^2-1}=\sqrt{24}$$

$$BC=\sqrt{7^2-1}=\sqrt{48}$$

因此,$AC=\sqrt{24}+\sqrt{48}=\sqrt{24}(1+\sqrt{2})$.

由最大的直角三角形可知所求的距离是

$$PR=\sqrt{24(1+\sqrt{2})^2+2^2}=\sqrt{24(3+2\sqrt{2})+4}$$

$$=\sqrt{76+48\sqrt{2}}=2\sqrt{19+12\sqrt{2}}\quad(\quad B\quad)$$

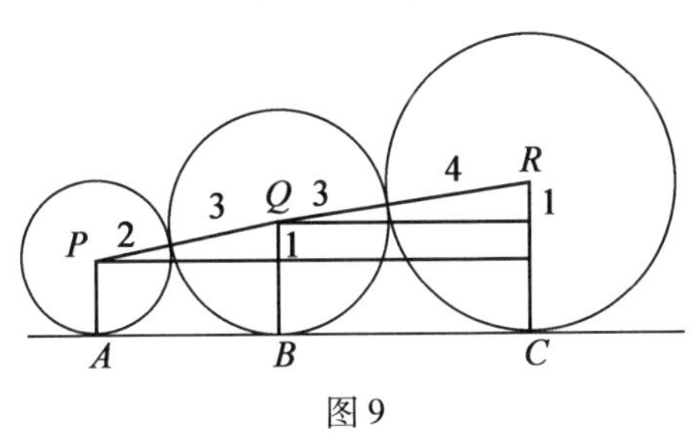

图 9

23. 有多少个正整数 x,使得 x 和 $x+99$ 都是完全平方数?(　　)

A. 1　　B. 2　　C. 3

D. 49　　E. 99

解　设 $x=r^2$ 和 $x+99=n^2$,则

$$r^2+99=n^2$$

$$99 = n^2 - r^2$$
$$= (n + r)(n - r)$$

又

$$99 = 1 \times 3 \times 3 \times 11$$
$$= 9 \times 11$$

或者 3×33,或者 1×99。

即对于 n 和 $r(n > r)$,只存在3种可能情况,它们是$n = 10, r = 1$;$n = 18, r = 15$ 以及 $n = 50, r = 49$. 因此存在3个 $x(r^2)$ 的值,即1,225和2 401.

(C)

24. 从集合{1,2,3,…,10}中依增加次序选出3个不同的数,使得其中任何两个数都不是相继的. 试问有多少种不同的方式?( )

A. 20种 B. 48种 C. 56种

D. 54种 E. 72种

解法1 从10个数中选出3个数,总共有$\binom{10}{3} = 120$种方式.

包含数对1,2的三数组有8个;

包含数对2,3的三数组有8个;

⋮

包含数对9,10的三数组有8个.

即共有72个这样的三数组. 但是三元组123,234,…,8 910都计算了两次,因此实际上只有64个. 所以,选取任何两个数都不相继的三数组共有 $120 - 64 = 56$ 种不同方式. (C)

解法2　假设$1 \leqslant a < b < c \leqslant 10$是这样的数,即$a,b$和$c$中任何两个数都不是相继的. 设$d = b - 1$和$e = c - 2$. 这时,$1 \leqslant a < d < e \leqslant 8$. 反之,假设$1 \leqslant a < d < e \leqslant 8$. 设$b = d + 1$和$c = e + 2$. 这时,$1 \leqslant a < b < c \leqslant 10$,其中$a,b$和$c$中任何两个数都不是相继的. 因此,满足要求的$(a,b,c)$的个数等于满足要求的$(a,d,e)$的个数,即等于$\binom{8}{3} = 56$.　　(　C　)

25. 一个矩形被一些与其边平行的线段分割成一个六边形和一个八边形,如图10所示(未按比例画). 八边形的边长按某种次序分别为1,2,3,4,5,6,7和8单位. 六边形的最大面积(平方单位)是(　　).

A. 24　　B. 27　　C. 30

D. 33　　E. 36

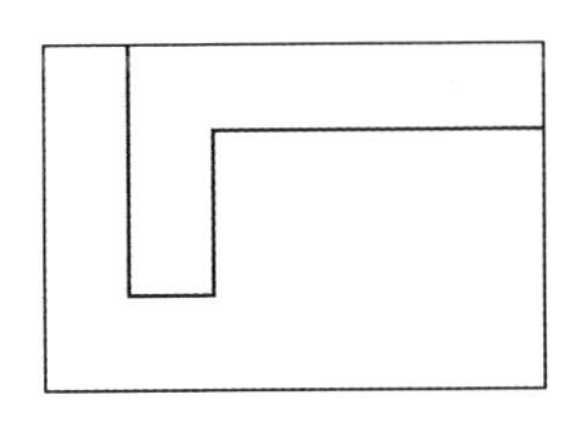

图10

解　用字母表示八边形的各边,如图11所示. 如果$g = 7$,则$h = 8$,$\{a,c,e\} = \{1,2,4\}$. 因为$b + f = d + h$,所以$d = 3$. 为使六边形的面积为最大,必须取$a = 1$,$c = 4$,$e = 2$,$b = 6$和$f = 5$,得到面积30. 如果$g = 8$,则$h = 7$,$\{a,c,e\} = \{1,2,5\}$或$\{1,3,4\}$. 因为$b + f = d + h$,所以$d = 4$,$\{h,f\} = \{4,6\}$. 为使六边形

的面积为最大,必须取 $a=1,c=5,e=2,b=6$ 和 $f=4$,得到面积 36.　　　　(E)

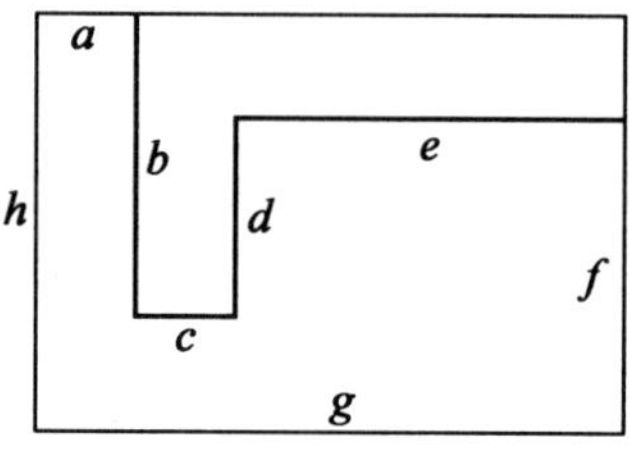

图 11

26. 一个边长为 2 单位的等边三角形内接于一个圆. 通过这个三角形两边的中点的弦的长度是(　　).

A. $\frac{\sqrt{5}-1}{2}$　　B. $\sqrt{5}-1$　　C. $\frac{\sqrt{5}+1}{2}$

D. $\sqrt{5}$　　E. $2\sqrt{5}$

解法 1　如图 12,设等边 $\triangle ABC$ 的外接圆的中心为 $O(0,0)$,半径为 r. 联结 A 与 BC 的中点 D,AD 通过 O 并且垂直 BC. 作 OB. 设弦 LM 与 $\triangle ABC$ 的两边 AB 和 AC 相交于 X 和 Y. 于是 $LXYM$ 平行于 BC,由 $\mathrm{Rt}\triangle OBD$

$$OD=\tan 30^\circ=\frac{1}{\sqrt{3}}$$

因此,$D=(0,-\frac{1}{\sqrt{3}})$,$A=(0,\frac{2}{\sqrt{3}})$,$B=(-1,-\frac{1}{\sqrt{3}})$,圆的方程是 $x^2+y^2=\frac{4}{3}$. 由于 X 是 AB 的中点,所以

$$X=\left(-\frac{1}{2},\frac{1}{2}\left(\frac{2}{\sqrt{3}}-\frac{1}{\sqrt{3}}\right)\right)=\left(-\frac{1}{2},\frac{1}{2\sqrt{3}}\right)$$

为了求 L 和 M 的横坐标,把 X 的纵坐标代入方程 $x^2+y^2=\frac{4}{3}$,即

$$x^2+\left(\frac{1}{2\sqrt{3}}\right)^2=\frac{4}{3}$$

$$x^2=\frac{4}{3}-\frac{1}{12}=\frac{5}{4}$$

$$x=\pm\frac{\sqrt{5}}{2}$$

因此 L 的横坐标是 $-\frac{\sqrt{5}}{2}$. M 的横坐标是$\frac{\sqrt{5}}{2}$,于是 LM 的长度是

$$\frac{\sqrt{5}}{2}+\frac{\sqrt{5}}{2}=\sqrt{5} \qquad \text{(D)}$$

A L X Y M O 1 1 r $\frac{1}{\sqrt{3}}$ 30° B 1 D C

图12

解法2　由于对称性,$LX=MY$,并且 $XY=\frac{1}{2}BC=1$. 设 $LX=YM=x$,则由圆幂定理,有

$$LX\times XM=BX\times XA$$

$$x(x+1)=1\times1=1\ (x>0)$$

于是 $x=\frac{\sqrt{5}-1}{2}$,略去负根. 因此弦长是

$$2x+1=\sqrt{5}$$ (D)

27. 两列火车速度之比等于同向行驶相遇到相离所需时间与反向行驶从相遇到相离所需时间之比. 这两列火车速度之比是(　　).

A. $(1+\sqrt{2}):1$　B. $2:1$　C. $3:1$

D. $4:1$　E. $3:2$

解　设两列火车的速度为 v_1 和 $v_2(v_1>v_2)$,则

$$\frac{v_1}{v_2}=\frac{\dfrac{l_1+l_2}{v_1-v_2}}{\dfrac{l_1+l_2}{v_1+v_2}}$$

其中 l_1,l_2 是两列火车的长度,于是

$$\frac{v_1}{v_2}=\frac{v_1+v_2}{v_1-v_2}$$

$$v_1^2-2v_1v_2-v_2^2=0$$

设

$$v_1=kv_2$$

则

$$k^2-2k-1=0$$

$$k=1+\sqrt{2}\text{（舍去负根）}$$

因此,速度之比 $v_1:v_2=(1+\sqrt{2}):1$. (A)

28. 对处于 0.01 和 1 之间的多少个 x 值,函数 $\sin\frac{1}{x}$ 的图形与 x 轴相交?(　　)

A. 31 个　B. 28 个　C. 56 个

D. 14 个　E. 112 个

解　因为对于 $z=\pi,2\pi,3\pi,\cdots,\sin z=0$,所以对于 $x=\frac{1}{\pi},\frac{1}{2\pi},\frac{1}{3\pi},\cdots,\sin\left(\frac{1}{x}\right)=0$. 依题意,要求

$$\frac{1}{n\pi}\geqslant 0.01=\frac{1}{100}$$

即 $n\leqslant\frac{100}{\pi}=31.8$.

因此,当 $n=1,2,3,\cdots,31$ 时,函数 $\sin\frac{1}{x}$ 的图形与 x 轴相交,因此存在31个 x 值.　　　　(　A　)

29. 在一次足球联赛中有8个队参加,每两个队进行一场比赛,胜一场得2分,平一场得1分,负一场得0分. 一个队要确保进入前四名(即积分至少超过其他4个队),需要积多少分?(　　)

A.8分　　B.9分　　C.10分

D.11分　　E.12分

解　因为有8个队,所以要进行 $\binom{8}{7}=28$ 场比赛,总共得分为 $28\times2=56$ 分.

考虑积10分的一个队. 如果积分多的5个队彼此战平,且分别战胜分少的3个队,而积分少的3个队彼此战平,那么就会有5个队各积10分,3个队各积2分. 因此积10分不能确保进入前四名.

考虑积11分的一个队. 如果这个队是第5名,那么积分多的5个队总共得分大于或等于55分. 这是不可能的,因为如果这样的话,积分少的3个队总共最多得1分,然而在这3个队彼此之间进行的3场比赛总共得分应为 6 分. 因此积 11 分可以确保进入前四名.

(D)

推广 假设有 n 个队参加比赛,我们想要确保进入前 k 名, $1 \leqslant k \leqslant n-1$. n 个队要进行 $\binom{n}{n-1}$ 场比赛,总得分为 $n(n-1)=n^2-n$.

(a) 考虑积分为 $2n-k-2$ 的一个队.

假设把这 n 个队分为 A 和 B 两组, A 组有 $k+1$ 个队, B 组有 $n-k-n$ 个队. 假设每组中的各队彼此全都战平; A 组的各队全都战胜 B 组的各队. 这时, A 组中的每一队积分都是 $2n-k-2$. 因此积 $2n-k-2$ 分不能确保进入前 k 名.

(b) 考虑积分为 $2n-k-1$ 的一个队.

总得分为 n^2-n. 假设至少有 $k+1$ 个队每队至少积 $2n-k-1$ 分,那么这些队总共至少积 $(k+1)(2n-k-1)=2nk+2n-k^2-2k-1$ 分. 于是,其余 $n-k-1$ 个队的总积分为 $n^2-2nk-3n+k^2+2k+1$. 这些队彼此之间进行的 $\binom{n-k-1}{n-k-2}$ 场比赛总共得分应为

$(n-k-1)(n-k-2)=n^2-2nk-3n+k^2+3k+2$

这就出现了矛盾. 因此前 $k+1$ 个队中至少有一队的积分应少于 $2n-k-1$,因此积 $2n-k-1$ 分可以确保进入前 k 名. 这个问题是当 $n=8$, $k=4$ 时的特殊情况. 要求的积分是 $16-4-1=11$.

30. 棱长为 1 单位的立方体两相邻的不相交对角线之间的距离是多少?换句话说,如果在如图 13 所示

的立方体中,$LM=1$ 单位,在对角线 LS 和 OR 上选取两点 P 和 Q,使得它们之间的距离尽可能小,那么这个距离是(　　).

A. $\frac{1}{3}$　　B. $\frac{1}{2\sqrt{2}}$　　C. $\frac{1}{2}$

D. $\frac{1}{\sqrt{2}}$　　E. $\frac{1}{\sqrt{3}}$

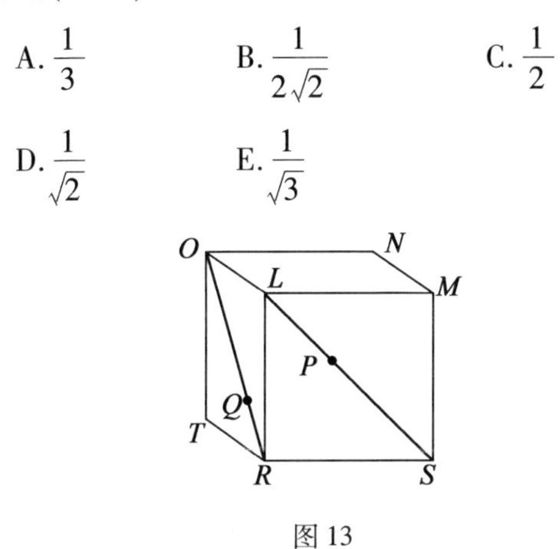

图 13

解法 1　把这个立方体立在顶点 T 上,使得对角线 MT 成为竖直的(U 是隐蔽在后面的顶点),如图 14 所示. 从对称性可以看出,点 O,L 和 R 处在一个水平面上,点 S,U 和 P 处在另一个水平面上. 因为直线 LR 和 PS 分别处在这两个平面上,所以它们之间的距离等于这两个平面的距离. 设 h_2 是这两个平面之间的竖直距离,h_1 是点 M 和 OLR 平面之间的距离,h_3 是点 T 和 PSU 平面之间的距离,由于对称性,$h_1=h_3$. 但是,因为 $LSTP$ 是一个正方形,所以它在图中表现为一个菱形. 因此,$h_2=h_3$,于是得到 $h_1=h_2=h_3=\frac{1}{3}MT$. 而 MT 是立方体的对角线,其长度为$\sqrt{3}$. 所求的两面上的对角线的距离等于两个水平面之间的距离

$$h_2 = \frac{\sqrt{3}}{3} = \frac{1}{\sqrt{3}} \qquad (\text{ E })$$

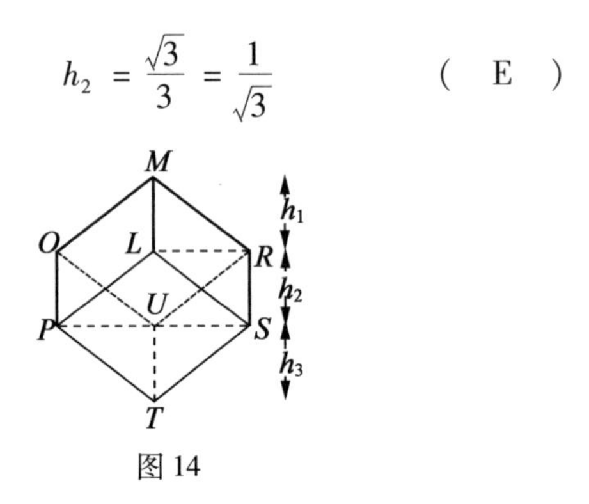

图 14

解法 2　这个方法比较简易,但是需要一些空间的想象力. 把立方体放在其底面 $RSUT$ 上,转动 45°,使得我们面对着 $LPUR$ 平面的棱 LR,棱 NU 处在 LR 的正后面. 图中的尺寸并不是立方体本身的尺寸,而是它的二维投影的尺寸. 因为 OR 和 LS 在三维空间中并不平行,而在其投影中看起来是平行的,它们之间的实际距离等于在这个投影中的表现距离. 设 LP 垂直于 OR(图 15). 根据毕达哥拉斯定理,OR 的长度是$\frac{\sqrt{3}}{\sqrt{2}}$. 由两个相似三角形得到

$$PL = \frac{1}{\sqrt{3}}$$

这就是所求的距离.

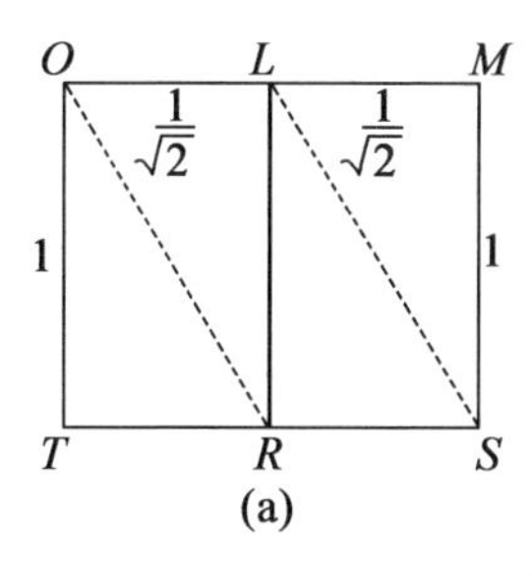

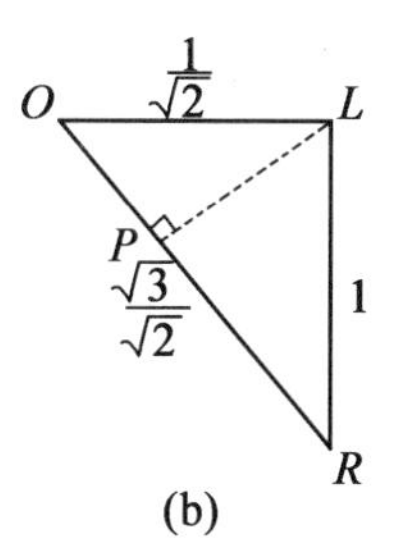

图 15

解法 3　因为 OR 平行于 NS, 平面 LNS 平行于 OR, 所以所求的距离是从点 O 向平面 LNS 所引垂线的长度, 它是 $\triangle OXS$ 的高 OH, 其中 X 是 OM 的中点(图 16). 设

$$\angle OXH = \alpha$$

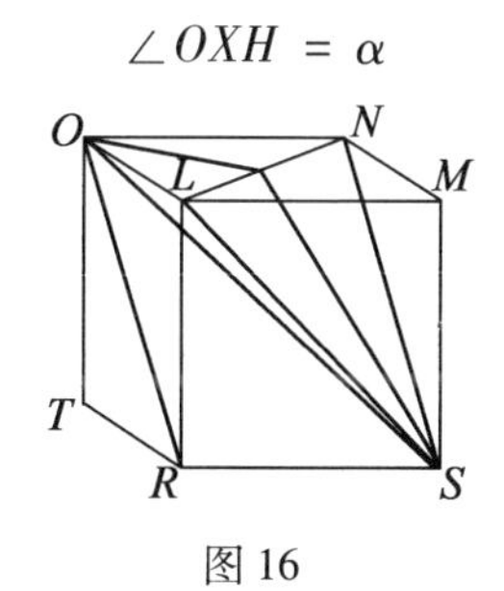

图 16

于是我们有

$$OX = \frac{\sqrt{2}}{2}, XS = \sqrt{\frac{3}{2}}$$

以及 $\sin\alpha = \sqrt{\frac{2}{3}}$.

因此

$$OH = OX\sin\alpha = \frac{\sqrt{2}}{2} \times \sqrt{\frac{2}{3}}$$
$$= \frac{1}{\sqrt{3}} \qquad (\text{E})$$

解法4 把这个单位立方体的顶点 T 放在坐标原点(图17). 顶点 O,R,L 和 S 的坐标分别为 $(0,0,1)$, $(1,0,0)$, $(1,0,1)$ 和 $(1,1,0)$. 设 Q 的 x 坐标是 t,则它的 z 坐标是 $1-t$,即 Q 具有坐标 $(t,0,1-t)$.

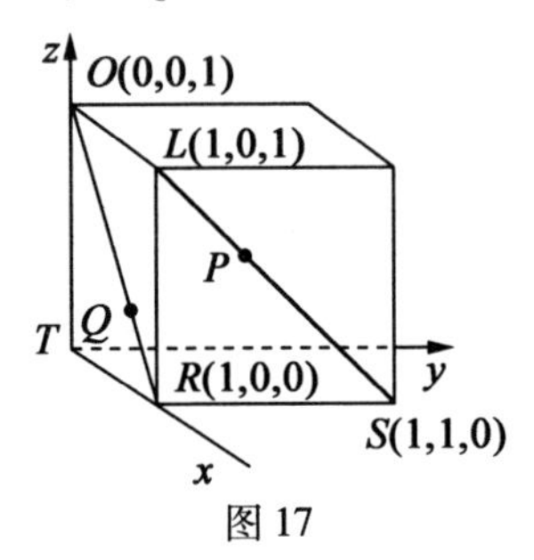

图17

类似地,设 P 的坐标是 $(1,s,1-s)$. 距离 $PQ=d$ 由下式给出

$$d^2=(t-1)^2+s^2+(1-t-1+s)^2$$
$$=t^2-2t+1+s^2+s^2-2st+t^2$$

把这个式子看作 t 的二次式,对于任何给定的 s,当 $t=\frac{1+s}{2}$ 时,它取最小值,于是

$$d^2=\left(\frac{s-1}{2}\right)^2+s^2+\left(s-\frac{1+s}{2}\right)^2$$
$$=2\left(\frac{s-1}{2}\right)^2+s^2=\frac{1}{2}(s-1)^2+s^2$$
$$=\frac{1}{2}(s^2-2x+1)+s^2=\frac{3}{2}s^2-s+\frac{1}{2}$$

当 $s=\frac{1}{3}$ 时,它取最小值,即

$$d^2=\frac{3}{2}\times\frac{1}{9}-\frac{1}{3}+\frac{1}{2}=\frac{1}{6}+\frac{1}{2}-\frac{1}{3}=\frac{1}{3}$$

所求的最小距离是 $d=\frac{1}{\sqrt{3}}$. (E)

第 6 章　1997 年试题

1. $7x^{-2}$ 等同于(　　).

A. $7x^2$　　B. $\frac{1}{7x^2}$　　C. $\frac{7}{x^2}$

D. $\frac{-7}{x}$　　E. $\frac{-14}{x^2}$

解　$7x^{-2}=7\times\frac{1}{x^2}=\frac{7}{x^2}$.　　(C)

2. $10\div0.02$ 的值是(　　).

A. 0.5　　B. 200　　C. 500

D. 50　　E. 2 000

解　$10\div0.02=\frac{10}{0.02}=\frac{1\,000}{2}=500$.

(C)

3. 当 $x=\frac{1}{2}$ 时,9^x-2x^2 的值是(　　).

A. $2\frac{3}{4}$　　B. $4\frac{1}{4}$　　C. 1

D. $2\frac{1}{2}$　　E. 7

解　$9^{\frac{1}{2}}-2\times\left(\frac{1}{2}\right)^2=\sqrt{9}-\left(2\times\frac{1}{4}\right)=2\frac{1}{2}$.

(D)

4. 已知循环小数$\frac{1}{7}=0.\dot{1}\dot{4}\dot{2}\dot{8}\dot{5}\dot{7}$和$\frac{1}{9}=0.\dot{1}$,表示$\frac{1}{7}+\frac{1}{9}$的数量(　　).

A. $0.253\ 968$　　　　B. $0.\dot{2}\dot{4}\dot{2}\ \dot{8}\dot{5}\dot{7}$

C. $0.\dot{2}\dot{5}\dot{3}\ \dot{9}\dot{6}\dot{3}$　　　　D. $0.\dot{2}\dot{5}\dot{3}\ \dot{9}\dot{6}\dot{8}$

E. $0.\dot{1}\dot{1}\dot{4}\ \dot{2}\dot{8}\dot{5}\ \dot{7}$

解　如果$\frac{1}{7}=0.\dot{1}\dot{4}\dot{2}\ \dot{8}\dot{5}\dot{7}$,$\frac{1}{9}=0.\dot{1}$,那么$\frac{1}{7}$和$\frac{1}{9}$的各位小数相加都不会出现进位,并且得到6位数字的循环节,其中每一个数字都比$\frac{1}{7}$的循环节中相应的数字大1,即$0.\dot{2}\dot{5}\dot{3}\ \dot{9}\dot{6}\dot{8}$.　　　　(　D　)

5. $\frac{1}{ab+b^2}+\frac{1}{a^2+ab}$等于(　　).

A. $\frac{1}{ab}$　　　　B. $\frac{1}{a^2+b^2}$　　　　C. $\frac{a^2+b^2}{ab}$

D. $\frac{a+b}{ab}$　　　　E. $\frac{2}{a^2+2ab+b^2}$

解

$$\frac{1}{ab+b^2}+\frac{1}{a^2+ab}=\frac{1}{b(a+b)}+\frac{1}{a(a+b)}$$

$$=\frac{a+b}{ab(a+b)}$$

$$=\frac{1}{ab}$$

(　A　)

6. $2^{n+1}+2^{n+1}$等于(　　).

A. 2^{n+2}　　B. 2^{2n+2}　　C. 4^{2n+2}

D. 4^{2n+1}　　E. 2^{n^2+2n+1}

解　$2^{n+1}+2^{n+1}=2\times 2^{n+1}=2^{n+2}$.　　(A)

7. 在图 1 中, $ST=4$ 单位, $PQ=10$ 单位, $PQ \parallel ST$, $\triangle RST$ 的面积等于 12 平方单位. $\triangle PQR$ 的面积是(　　).

A. 48　　B. 60　　C. 30

D. 50　　E. 75

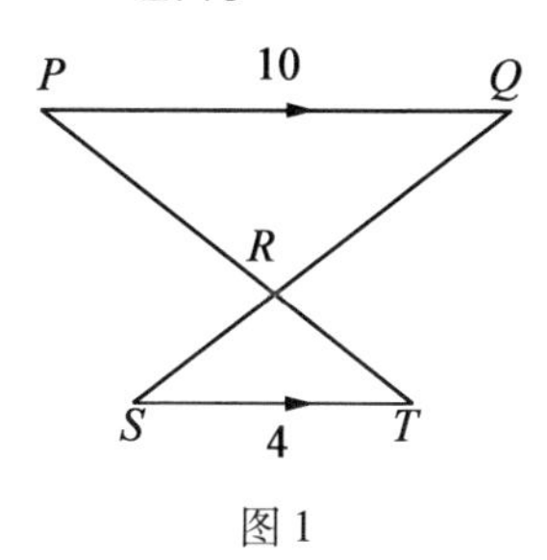

图 1

解　因为 $\triangle PQR \backsim \triangle RST$,所以它们的面积与对应边的平方成正比

$$\frac{\triangle PQR\text{ 的面积}}{\triangle RST\text{ 的面积}}=\frac{10^2}{4^2}$$

$$\triangle PQR\text{ 的面积}=\frac{100}{16}\times\triangle RST\text{ 的面积}=\frac{100\times 12}{16}=75$$

(E)

8. $\frac{x+3}{2}\leqslant\frac{2x-1}{3}$ 的解是(　　).

A. $x\geqslant 11$　　B. $0\leqslant x\leqslant 11$　　C. $x\leqslant 11$

D. $x\geqslant 3$　　E. $x>11$

解

$$\frac{x+3}{2}\leqslant\frac{2x-1}{3}$$

$$3x+9\leqslant 4x-2$$

$$11\leqslant x \qquad (\ \ A\ \ )$$

9. $\dfrac{2\sqrt{3}}{(2-\sqrt{3})^2}-\dfrac{2\sqrt{3}}{(2+\sqrt{3})^2}$ 等于(　　).

A. 48　　B. $28\sqrt{3}$　　C. $32+8\sqrt{3}$

D. $26\sqrt{3}$　　E. 42

解

$$\frac{2\sqrt{3}}{(2-\sqrt{3})^2}-\frac{2\sqrt{3}}{(2+\sqrt{3})^2}$$

$$=\frac{2\sqrt{3}}{7-4\sqrt{3}}-\frac{2\sqrt{3}}{7+4\sqrt{3}}$$

$$=\frac{2\sqrt{3}(7+4\sqrt{3})-2\sqrt{3}(7-4\sqrt{3})}{(7-4\sqrt{3})(7+4\sqrt{3})}$$

$$=\frac{14\sqrt{3}+24-14\sqrt{3}+24}{1}$$

$$=48 \qquad (\ \ A\ \ )$$

10. 原平均速度为 60 km/h,现变为 50 km/h,行驶 100 km 所需时间增加(　　).

A. 10 min　　B. 12 min　　C. 20 min

D. 30 min　　E. 40 min

解

$$\frac{100\ \text{km}}{50\ \text{km/h}}=\frac{100}{50}\times 60=120(\text{min})$$

$$\frac{100\ \text{km}}{60\ \text{km/h}}=\frac{100}{60}\times 60=100(\text{min})$$

因此增加的时间是 20 min.　　(C)

11. 在米塞拉梅(Miseramee)地区有一种传染病,一个月前,人口中的10%患有此病,90%是健康的,在

最近一个月里,10% 的患者康复了,而有 10% 的健康人患此病. 现在健康人占人口总数的百分比是(　　).

A. 81%　　B. 82%　　C. 90%

D. 91%　　E. 99%

解　因为米塞拉梅地区人口总数没有变化,所以为了简化计算,我们可以假设人口数为 100. 一个月以前,10% 患病,即 10 人患病,90 人是健康的. 在最近一个月中,患者的 10% 康复了,即$\frac{1}{10}\times 10=1$人康复了. 10% 的健康人即$\frac{1}{10}\times 90=9$人患病了. 因此,现在有 $9+9=18$ 人患病,而 82 人即 82% 是健康的.

(B)

12. $(123\ 456)^2+123\ 456+123\ 457$ 是下列哪个数的平方?(　　)

A. 123 457　　B. 123 463　　C. 123 467

D. 123 473　　E. 123 477

解　注意到$(123\ 456)^2+123\ 456+123\ 457$具有形式

$$n^2+n+(n+1)=n^2+2n+1=(n+1)^2$$

其中 $n=123\ 456$,即$(123\ 457)^2$.　(A)

13. 被 7 除余数为 4,被 12 除余数为 5 的最小正整数所在范围是(　　).

A. 19 ~ 31　　B. 32 ~ 42　　C. 60 ~ 72

D. 51 ~ 58　　E. 76 ~ 84

解 因为这个数被12除时余数为5,所以它具有形式 $12n+5$. 又因为

$$12n+5=7n+5n+5=7n+5(n+1)$$

所以 $12n+5$ 被7除与 $5(n+1)$ 被7除,得到同样的余数. 使得 $5(n+1)$ 被7除余数为4的最小的 n 值为4. 因此,所求的最小的正整数是 $12\times4+5=53$.

(D)

14. 如图2所示,大等边 $\triangle PQR$ 的面积与小等边 $\triangle LMN$ 的面积之比是( ).

A. 36 ∶25 B. 12 ∶5 C. 6 ∶5

D. 12 ∶7 E. 25 ∶21

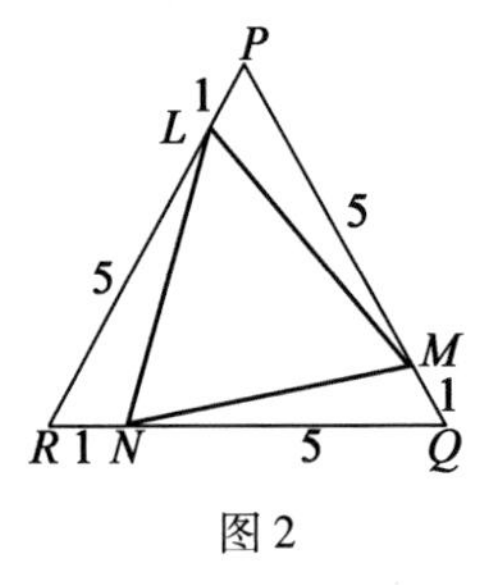

图2

解法1 考虑 $\triangle LRN$. 它的底是 $\triangle PQR$ 的底的 $\frac{1}{6}$,

它的高是 $\triangle PQR$ 的高的 $\frac{5}{6}$.

因此

$$\triangle LRN\text{ 的面积}=\frac{1}{6}\times\frac{5}{6}\times\triangle PQR\text{ 的面积}$$

$$=\frac{5}{36}\times\triangle PQR\text{ 的面积}$$

同样

$$\triangle PLM \text{ 的面积} = \triangle MNQ \text{ 的面积} = \frac{5}{36} = \triangle PQR \text{ 的面积}$$

所以

$$\triangle LMN \text{ 的面积} = \left(1 - \frac{15}{36}\right) \times \triangle PQR \text{ 的面积} = \frac{21}{36} \times \triangle PQR \text{ 的面积}$$

于是

$$\frac{\triangle PQR \text{ 的面积}}{\triangle LMN \text{ 的面积}} = 1 \div \left(\frac{21}{36}\right) = \frac{36}{21} = \frac{12}{7}$$

（ D ）

解法 2

$$\triangle PQR \text{ 的面积} = \frac{1}{2} \times 6^2 \times \sin 60^\circ = 18 \times \frac{\sqrt{3}}{2} = 9\sqrt{3}$$

$$\triangle MNQ \text{ 的面积} = \frac{1}{2} \times 1 \times 5 \times \sin 60^\circ = \frac{5}{2} \times \frac{\sqrt{3}}{2} = \frac{5\sqrt{3}}{4}$$

$$\triangle LMN \text{ 的面积} = 9\sqrt{3} - \left(3 \times \frac{5\sqrt{3}}{4}\right) = \frac{36\sqrt{3} - 15\sqrt{3}}{4} = \frac{21\sqrt{3}}{4}$$

因此　$\triangle PQR$ 的面积 : $\triangle LMN$ 的面积

$$=9\sqrt{3}:\frac{21\sqrt{3}}{4}=36\sqrt{3}:21\sqrt{3}=12:7 \quad (\quad D \quad)$$

15. 一个三角形三边的长度是 a cm, $(a+1)$cm 和 $(a+2)$cm. a 的可能值是(　　).

A. $a>0$　　B. $0<a<1$　　C. $a>1$

D. $0<a<2$　　E. $a=1$

解　在任何三角形中,两较短边之和必定大于较长边,即

$$a+(a+1)>a+2$$

$$a>1 \quad (\quad C \quad)$$

16. 把三枝标枪掷向图 3 所示的靶牌上. 把三个得分相加,未中靶者按 0 分计. 最小的不可能得到的总分是(　　).

A. 14 分　　B. 18 分　　C. 19 分

D. 22 分　　E. 30 分

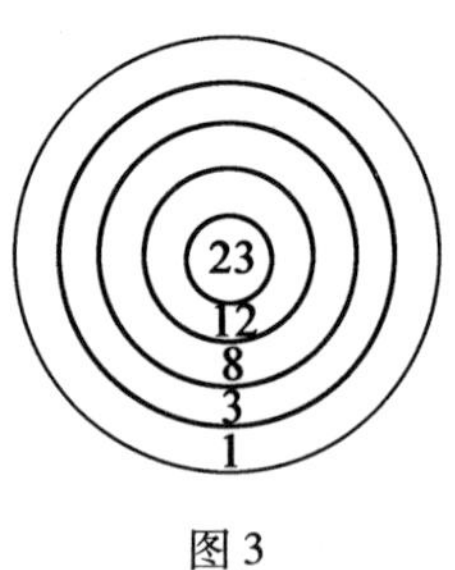

图 3

解　直到 21 的每个数都能得到,例如: $14=8+3+3$, $15=12+3+0$, $16=8+8+0$, $17=8+8+1$,

$18=12+3+3$,$19=8+8+3$,$20=12+8+0$,$21=12+8+1$,但是,22不能得到.　　(D)

17. 下列哪个方程给出图4所示图形的最佳表述?(　　)

A. $y=|x|^2$　　B. $|y|=x^2$　　C. $y^2=x^2$

D. $y^2=x$　　E. $\sqrt{|y|}=x$

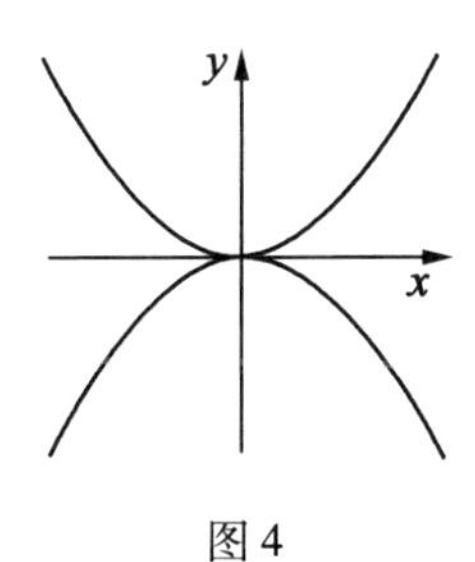

图4

解　选项A,$y=|x|^2\Rightarrow y\geqslant 0$,不可能;

选项B,$|y|=x^2\Rightarrow y=x^2$,对于$y\geqslant 0$;$-y=x^2$,对于$y\leqslant 0$,可能;

选项C,$y^2=x^2\Rightarrow y=\pm x$,即两条直线,不可能;

选项D,$y^2=x\Rightarrow x\geqslant 0$,不可能;

选项E,$\sqrt{|y|}=x\Rightarrow x\geqslant 0$,不可能.　　(B)

18. 如果整数$1^n+2^n+3^n+4^n$不能被5整除,那么n可能等于(　　).

A. 1 994　　B. 1 995　　C. 1 996

D. 1 997　　E. 1 998

解　因为$1^n+2^n+3^n+4^n$不能被5整除,所以它

的末位数字不能是5或0. 分别考虑1^n,2^n,3^n和4^n的末位数字(表1).

表1

n	1	2	3	4	5	6	7	8	9	10	11	12
1^n	1	1	1	1	1	1	1	1	1	1	1	1
2^n	2	4	8	6	2	4	8	6	2	4	8	6
3^n	3	9	7	1	3	9	7	1	3	9	7	1
4^n	4	6	4	6	4	6	4	6	4	6	4	6
和的末位数字	0	0	0	4	0	0	0	4	0	0	0	4

因为和不能被5整除,所以n必须能被4整除,这种情况间隔出现,只有1 996能被4整除. (C)

19. 如图5,一个窗户,其形状是一个边长为60 cm的正方形,顶上再加一个半径为50 cm的圆弓形(此圆弓形小于半圆). 这个窗户的最大高度是多少厘米? ( )

A. 70 cm　　B. 80 cm　　C. 85 cm

D. 90 cm　　E. 100 cm

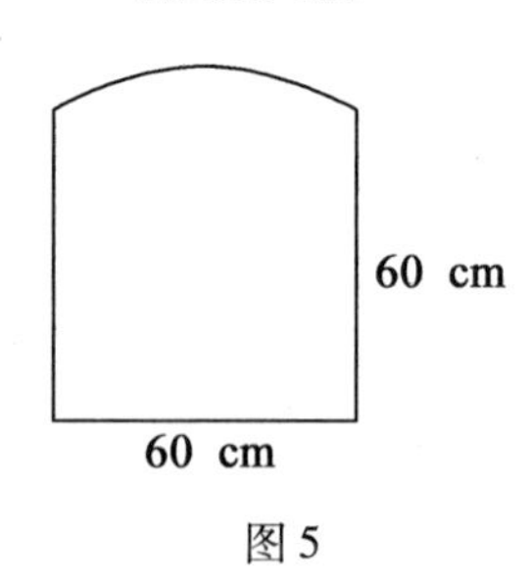

图5

解　在图6上作一些线段,其中L是圆弧的中心,LR是竖直的半径. 则$LR = LN = 50$ cm. 设$LM = x$. 在$\mathrm{Rt}\triangle LMN$中

$$LN^2 = LM^2 + MN^2$$

$$50^2 = x^2 + 30^2$$

$$x^2 = 40^2$$

$$x = 40$$

因此,MR是10 cm,所以最大高度是$60 + 10 = 70$ cm.

（　A　）

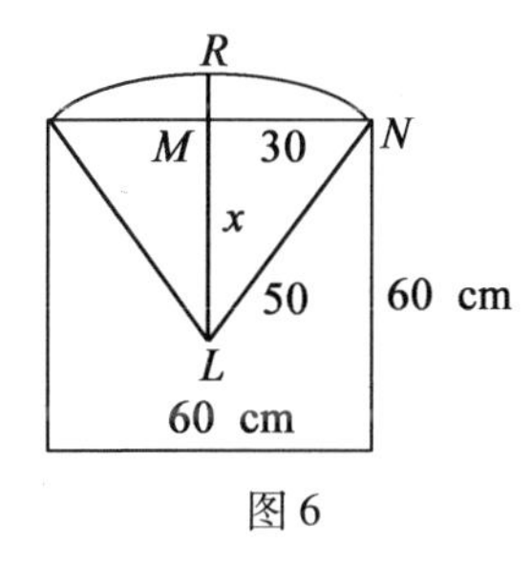

图6

20. 编号分别为1至6的六个小球,放在一顶帽子里,从中随机地取出两个小球,两个小球的编号之差为1的概率是(　　).

A. $\frac{1}{3}$　　B. $\frac{1}{6}$　　C. $\frac{1}{5}$

D. $\frac{11}{30}$　　E. $\frac{5}{18}$

解法1　取出两球不同方式有$\binom{6}{2} = \frac{6 \times 5}{1 \times 2} = 15$种,其中只有$\{1,2\}$,$\{2,3\}$,$\{3,4\}$,$\{4,5\}$和$\{5,6\}$这

5 对编号相差为 1. 因此,两球编号相差为 1 的概率是 $\frac{5}{15}=\frac{1}{3}$.　　(A)

21. 在下列五个数中哪一个数不等于其他任何一个数(　　).

A. $\frac{1\ 996}{1\ 997}$　B. $\frac{996}{997}$　C. $\frac{1\ 997\ 996}{1\ 998\ 997}$

D. $\frac{19\ 971\ 996}{19\ 981\ 997}$　E. $\frac{996\ 996}{997\ 997}$

解　注意,一个 3 位数乘以 1 001,得到一个 6 位数,它的各位数字是把第一个数连着写两次,例如 $996\times 1\ 001=996\ 996$,所以

$$\frac{996}{997}=\frac{996\times 1\ 001}{997\times 1\ 001}=\frac{996\ 996}{997\ 997}$$

于是 B = E. 此外,$1\ 996\times 1\ 001=1\ 997\ 996$,所以

$$\frac{1\ 996}{1\ 997}=\frac{1\ 996\times 1\ 001}{1\ 997\times 1\ 001}=\frac{1\ 997\ 996}{1\ 998\ 997}$$

于是 A = C. 因此,不等于其他任何数的数是 D.

(D)

22. 如图 7,10 个点 $P,Q,R,\cdots,Y$ 等距地分布在半径为 1 的圆周上. 线段 PQ 和 PS 的长度之差是(　　).

A. $\frac{\sqrt{5}+1}{4}$　B. 1　C. $\sqrt{5}-1$

D. $\frac{\sqrt{5}+\sqrt{2}}{4}$　E. $\sqrt{5}-\sqrt{2}$

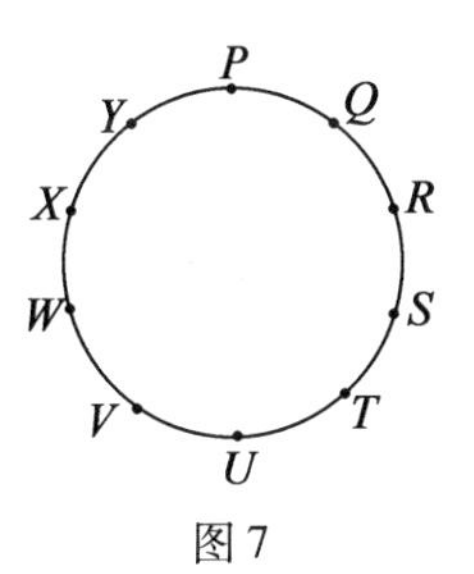

图7

解　在圆中,O是圆心,Z是线段PS和OQ的交点. $\angle POQ=36°$,其他各角如图8所示. 由于$\triangle POQ$和$\triangle POS$都是等腰三角形,所以$\angle OPQ=\angle OQP=72°$,$\angle OPS=\angle OSP=36°$. 因此$\angle QPZ=36°$. 于是,在$\triangle QPZ$中我们有$\angle PQZ=\angle PZQ=72°$.

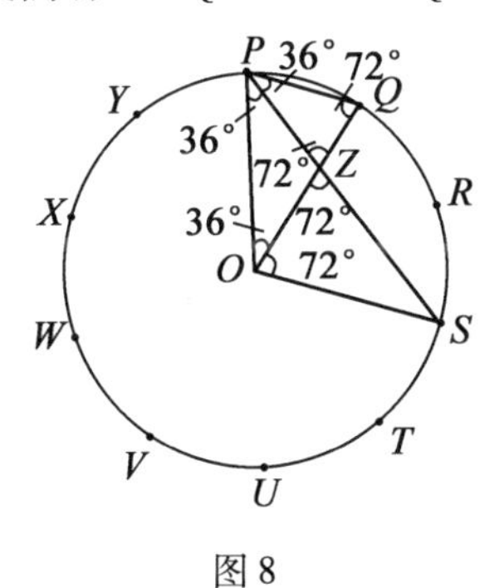

图8

我们需要求PQ和PS的长度之差. 因为$\triangle PQZ$是等腰三角形,所以$PQ=PZ$,由等腰$\triangle OSZ$,$ZS=OS$. 于是,$PS-PQ=PS-PZ=ZS=OS=$圆的半径$=1$.　　(　B　)

23. 温格卡比(Wingecarribee)学校新建5个教室,平均每班减少6人. 如果再建五个教室,那么平均每班又减少4人. 假设学生总数保持不变,这个学校有学生(　　).

A. 560 人　　B. 600 人　　C. 650 人

D. 720 人　　E. 800 人

解法 1　如表 2:

表 2

每班平均人数	班数	学生总数
n	k	nk
$n-6$	$k+5$	$nk+5n-6k-30$
$n-10$	$k+10$	$nk+10n-10k-100$

因为学生总数保持不变,所以必定有

$$5n-6k-30=0 \tag{1}$$

$$10n-10k-100=0 \tag{2}$$

$2\times(1)$ 得

$$10n-12k-60=0 \tag{3}$$

$(2)-(3)$ 得

$$2k-40=0$$

$$k=20$$

由(1)有

$$5n=120+30$$

$$n=30$$

因此,学生总数是 $nk=600$.　　　　(B)

解法 2　设 x 为学生总数,n 为最初的班数. 于是最初每班平均人数是 $\frac{x}{n}$.

当增加 5 个班时,每班平均人数成为

$$\frac{x}{n+5}$$

因此

$$\frac{x}{n+5}=\frac{x}{n}-6 \tag{1}$$

当再增加五班时，每班平均人数成为

$$\frac{x}{n+10}$$

于是

$$\frac{x}{n+10}=\frac{x}{n}-10 \tag{2}$$

解联立方程(1)和(2)，得到 $n=20, x=600$.

(B)

24. 把四个半径为1的球放在一个水平面上，使得每一个球同另外两个球相接触，这四个球的中心形成一个正方形. 再取大小相同的第五个球停放在这四个球的上面. 第五个球的最高点在水平面上的高度是(　　).

A. $2+\sqrt{2}$　　B. 4　　C. 3

D. $1+\sqrt{2}$　　E. $2+\sqrt{3}$

解　从正上方来看这五个球，由毕达哥拉斯定理可知，处于对角位置的两圆心之间的距离是 $2\sqrt{2}$. 再从侧面顺着处于对角位置的两球心的连线的方向来看，处在同一竖直面内的三个球的中心为 M,N 和 L，如图9所示；由 L 向 MN 引垂线，与 MN 相交于 P，于是

$$PM=\frac{1}{2}MN=\sqrt{2}$$

又由 Rt$\triangle LMP$,得到

$$
\begin{aligned}
LP^2 &= 2^2 - \sqrt{2}^2 \\
&= 4 - 2 \\
&= 2
\end{aligned}
$$

于是 $LP = \sqrt{2}$. 因此,最高点在水平面上的高度是 $1 + \sqrt{2} + 1 = 2 + \sqrt{2}$. (A)

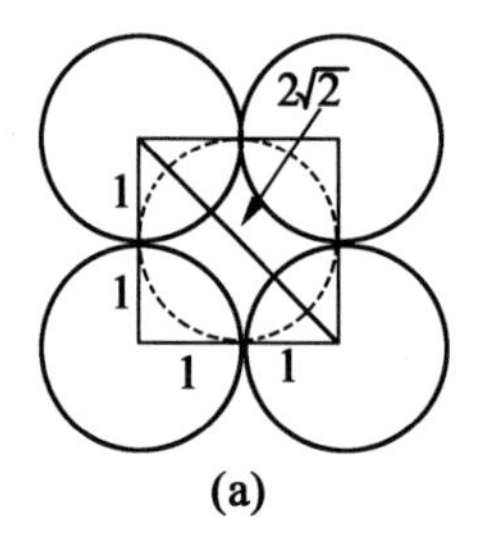

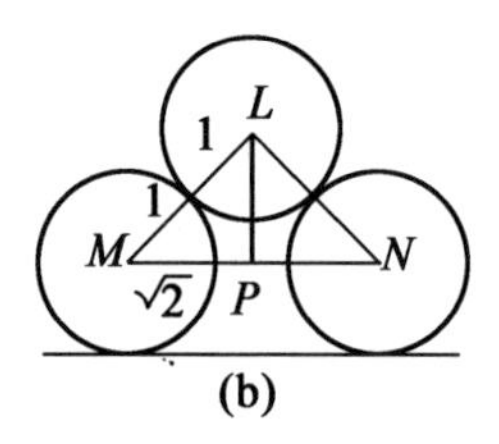

图 9

25. 把一个边长为 N 的立方体的表面涂上颜色,然后把它分割成大小相同的 N^3 个小立方体. 在这些小立方体中,有一些各面均未涂色,有些只有一面涂色,有一些两面或三面涂色. 假设各面均未涂色的小立方体的个数等于只有一面涂色的小立方体的个数,这时 N 的值是(　　).

A. 6　　B. 7　　C. 8

D. 9　　E. 10

解　大立方体的边长为 N,所以在它的每个面上的只有一面涂色的小立方体的个数为 $(N-2)^2$,在六个面上总个数为 $6(N-2)^2$. 不在大立方体表面上的各面均未涂色的小立方体的个数为 $(N-2)^3$. 因为二者

相等,所以

$$6(N-2)^2=(N-2)^3$$

$$6=N-2$$

$$N=8$$

(C)

26. 写出从 1 到 30(包括 1 和 30)的全部整数,把其中的某些数划掉,使得在剩余的数中没有一个数是其他任何数的 2 倍. 最多能剩余多少个数?(　　)

A. 15　　B. 18　　C. 19

D. 20　　E. 21

解　构造集合 1,2,3,…,30 的子集,使得每个子集都由一个奇数和这个奇数的 $2^k(k=0,1,2,\cdots)$ 倍组成,于是得到

$\{1,2,4,8,16\}$

$\{3,6,12,24\}$

$\{5,10,20\}\ \{7,14,28\}$

$\{9,18\}\ \{11,22\}\ \{13,26\}\ \{15,30\}$

$\{17\}\ \{19\}\ \{21\}\ \{23\}\ \{25\}\ \{27\}\ \{29\}$

我们分别从这些子集中尽可能多地选取一些数,其中任何一个数都不能是另一个数的 2 倍. 例如,从第一个子集 $\{1,2,4,8,16\}$ 中选取 1,4,16;从第二个子集 $\{3,6,12,24\}$ 中选取 3,12;从子集 $\{5,10,20\}$ 和 $\{7,14,28\}$ 中各选取两个数;从剩下的其他 11 个子集中各选取一个数. 总共选取 $3+2+2+2+11=20$ 个数.

(D)

推广　仿照上面的解法中所采用的方式,我们把 n 个数的集合做如下排列:

1	2	4	8	16	32	64	…
3	6	12	24	48	96	192	…
5	10	20	40	80	160	320	…
7	14	28	56	112	224	448	…
9	18	36	72	144	288	576	…
⋮	⋮	⋮	⋮	⋮	⋮	⋮	

可以看出,直到 n(包括 n) 的每一个数在其中只出现一次,第二行中的任何数都是第一行中相应数的 2 倍,第三行中的任何数都是第二行中相应数的 2 倍,如此等等. 为了构造最大的子集,我们只需选取第一、第三、第五、…… 行中所有小于或等于 n 的数. 这就是说,我们只需计数以下各列中小于或等于 n 的数的个数:

Col 0	Col 1	Col 2	Col 3	…
1	4	16	64	…
3	12	48	172	…
5	20	80	320	…
7	28	112	448	…
9	36	144	576	…
⋮	⋮	⋮	⋮	

设我们想要计数的数的个数是 F_n,而 Col k 中小于或等于 n 的数的个数是 C_k($C_k = 2^{2k}$ 的小于或等于 n 的奇数倍数的个数). 于是

$$F_n = C_0 + C_1 + C_2 + \cdots$$

(这个级数在有限项以后各项均为零. 最后的非零项为 $C_{[\log_4 n]}$)

解法 1　现在

$$C_0 = (\text{所有小于或等于 } n \text{ 的数的个数}) - (\text{所有小于或等于 } n \text{ 的偶数的个数}) = n - \frac{n}{2}$$

在一般情况下

$$C_k = 2^{2k} \text{ 的小于或等于 } n \text{ 的奇数倍数的个数} = (2^{2k} \text{ 的所有小于或等于 } n \text{ 的倍数的个数}) - (2^{2k} \text{ 的小于或等于 } n \text{ 的偶数倍数的个数})$$

其中第二个括号里的一项与 2^{2k+1} 的所有小于或等于 n 的倍数的个数相同. 因此,我们有

$$C_k = \left[\frac{n}{2^{2k}}\right] - \left[\frac{n}{2^{2k+1}}\right]$$

代回到 F_n 的级数中去,得到

$$F_n = n - \left[\frac{n}{2}\right] + \left[\frac{n}{4}\right] - \left[\frac{n}{8}\right] + \left[\frac{n}{16}\right] - \cdots$$

当 $n = 30$ 时,$F_{30} = 30 - 15 + 7 - 3 + 1 = 20$.

解法 2　这种方法需要求出 C_k 的另一个表达式. 这时,我们首先求出 C_0 的表达式,然后推导一般的 C_k 的表达式. 我们想要计数集合 1,3,5,7,… 中所有小于或等于 n 的数的个数. 把这个集合中的每个数都加 1,这相光于计数集合 2,4,6,8,… 中所有小于或等于 $n+1$ 的数的个数,也就是所有小于或等于 $n+1$ 的偶数的个数,于是我们有

$$C_0 = \left[\frac{n+1}{2}\right]$$

在一般情况下,我们需要计数集合 $1 \times 2^k, 3 \times 2^{2k}, 5 \times$

2^{2k},… 中所有小于或等于 n 的数的个数. 把这个集合中的每个数都加上 2^{2k},这相当于计数集合 2×2^{2k},4×2^{2k},6×2^{2k},8×2^{2k},… 中所有小于或等于 $n+2^{2k+1}$ 的数的个数,这个集合也就是 2^{2k+1},$2\times 2^{2k+1}$,$3\times 2^{2k+1}$,$4\times 2^{2k+1}$,…,其中每一个数小于或等于 $n+2^{2k}$,即 2^{2k+1} 的所有小于或等于$n+2^{2k}$ 的倍数的集合. 于是

$$C_k=\left[\frac{n+2^{2k}}{2^{2k+1}}\right]$$

代回到 F_n 的级数中去,得到

$$F_n=\left[\frac{n+1}{2}\right]+\left[\frac{n+4}{8}\right]+\left[\frac{n+16}{32}\right]+\cdots+\left[\frac{n+2^{2k}}{2^{2k+1}}\right]+\cdots$$

当 $n=30$ 时,$F_{30}=15+4+1=20$.

27. 用 216 个大小为 1 cm × 1 cm × 1 cm 的小立方块,可以拼成多少个不同尺寸的长方块?(　　)

A. 16 个　　B. 18 个　　C. 19 个

D. 21 个　　E. 22 个

解　$216=2^3\times 3^3$ 的 16 个因数是

1,2,3,4,6,8,9,12,18,24,27,36,54,72,108,216

我们需要计算各种可能的尺寸 $x\times y\times z=216$,其中 x,y 和 z 取自上列因了,$x=1,2,3,\cdots$,我们只需求出那些满足条件 $y\leqslant\sqrt{\frac{216}{x}}$ 的 x 和 y,这时 z 就唯一确定.(例如,如果 $x=3$,则 $y\times z=\frac{216}{3}$. 因为 $y\leqslant z$,则 $y^2\leqslant\frac{216}{3}$,即 $y\leqslant\sqrt{\frac{216}{3}}=\sqrt{72}=8.49$.)记号. $[n]$ 表示不大于

n 的最大整数,例如$\left[\sqrt{\frac{216}{3}}\right]=[8.49]=8$.因此,考察 $x=1,2,3,\cdots$ 的情况,我们得到

$x=1,y\leqslant[\sqrt{216}]=14,y=1,2,3,4,6,8,9,12$	8
$x=2,y\leqslant[\sqrt{108}]=10,y=2,3,4,6,9$	5
$x=3,y\leqslant[\sqrt{72}]=8,y=3,4,6,8$	4
$x=4,y\leqslant[\sqrt{54}]=7,y=6$	1
$x=6,y=[\sqrt{36}]=6,y=6$	1
总数	19

(C)

28. 从图 10 的字母表中,按下述规则挑选字母组成名字 *ELLE*:从一个字母起始,相继挑选相邻的字母(上面的、下面的、左面的、右面的、以及对角线方向上的,但是在同一组 *ELLE* 中不能两次使用同一个字母). 有多少种不同的挑选方式?(　　)

A. 525 种　　B. 284 种　　C. 300 种

D. 576 种　　E. 180 种

E	*E*	*E*	*E*
E	*L*	*L*	*E*
E	*L*	*L*	*E*
E	*E*	*E*	*E*

图 10

解　假设我们从一角上的 E 开始,那么第一个 L 只有一种挑选方式,第二个 L 有三种挑选方式,最后第

二个 E 有五种挑选方式,因此对于第一个角上的 E 有 15 种挑选方式,对于四个角上的 E 共有 60 种挑选方式.

如果从一个边上的 E 开始,那么第一个 L 有两种挑选方式,但是以后,根据第二个 L 是否与第一个 E 相邻存在两种不同情况. 如果相邻,那么第二个 L 只有一种挑选方式,第二个 E 有四种挑选方式;如果不相邻,第二个 L 有两种挑选方式,第二个 E 有五种挑选方式,因此,对于每一个边上的 E 得到 28 种挑选方式,对于八个边上的 E 共有 224 种挑选方式.

因此,总共有 284 种产生 $ELLE$ 的不同方式.

(B)

29. 选取四个正整数 a,b,c 和 $d(a<b<c<d)$,使得 $\frac{1}{a}+\frac{1}{b}+\frac{1}{c}+\frac{1}{a}$ 是一个整数有多少种方式?( )

A. 1 种　　B. 4 种　　C. 5 种

D. 7 种　　E. 12 种

解　把 a,b,c,d 选取得尽可能小,使得

$$\frac{1}{a}+\frac{1}{b}+\frac{1}{c}+\frac{1}{d}$$

仅可能大,即

$$\frac{1}{a}+\frac{1}{b}+\frac{1}{c}+\frac{1}{d}=1+\frac{1}{2}+\frac{1}{3}+\frac{1}{4}$$

$$=2\frac{1}{12}$$

因此,整数和只能是 1 与 2.

考虑和 2：

如果 $a,b,c=1,2,3$，则 $d=6$，并且

$$2=\frac{1}{1}+\frac{1}{2}+\frac{1}{3}+\frac{1}{6}$$

如果 $a,b,c=2,3,4$，则

$$\frac{1}{d}=2-\left(\frac{1}{2}+\frac{1}{3}+\frac{1}{4}\right)=\frac{11}{12}$$

这是不可能的，因此只有唯一的选择方式使得和为 2.

考虑和 1：

我们只需考虑 $a=2$ 的情况，因为当 $a=3$ 时，最大可能的和将是

$$\frac{1}{3}+\frac{1}{4}+\frac{1}{5}+\frac{1}{6}=\frac{57}{60}<1$$

对于 $a,b=2,3$，有

$$\frac{1}{c}+\frac{1}{d}=\frac{1}{6}$$

而

$$\begin{aligned}
\frac{1}{6}&=\frac{2}{12}\\
&=\frac{3}{18}=\frac{2+1}{18}=\frac{1}{9}+\frac{1}{18}\\
&=\frac{4}{24}=\frac{3+1}{24}=\frac{1}{8}+\frac{1}{24}\\
&=\frac{5}{30}=\frac{3+2}{30}=\frac{1}{10}+\frac{1}{15}\\
&=\frac{6}{36}=\frac{7}{42}\\
&=\frac{6+1}{42}
\end{aligned}$$

$$= \frac{1}{7} + \frac{1}{42}$$

这种形式到此为止,否则最后两个单位分数之一就应当大于或等于$\frac{1}{6}$. 对于 $a,b = 2,4$,有

$$\frac{1}{c} + \frac{1}{d} = \frac{1}{4}$$

而

$$\begin{aligned}\frac{1}{4} &= \frac{2}{8} \\ &= \frac{3}{12} = \frac{2+1}{12} = \frac{1}{6} + \frac{1}{12} \\ &= \frac{4}{16} \\ &= \frac{5}{20} = \frac{4+1}{20} = \frac{1}{5} + \frac{1}{20}\end{aligned}$$

这种形式到此为止,否则最后两个单位分数之一就应当大于或等于$\frac{1}{4}$. 对于 $a,b,c,d = 2,5,6,7$,有

$$\frac{1}{2} + \frac{1}{5} + \frac{1}{6} + \frac{1}{7} > 1$$

而对于 $a,b,c,d = 2,5,6,8$,有

$$\frac{1}{2} + \frac{1}{5} + \frac{1}{6} + \frac{1}{8} < 1$$

因此,不存在其他可能性. 所以有 $1+4+2=7$ 种选择方式. (D)

30. 所罗门(Solomon)航班由莫尔兹比港(Port Moresby)〔巴布亚新几内亚(Papua New Guinea)〕飞往纳迪(Nadi)〔斐济(Fiji)〕,途经霍尼亚拉

(Honiara)〔所罗门群岛(Solomon Islands)〕和维拉港(Port Vila)〔瓦努阿图(Vanuatu)〕,其时刻表如下:

起飞	区　间	着陆
1 310	莫尔兹比港 - 霍尼亚拉	1 620
1 710	霍尼亚拉 - 维拉港	1 900
1 940	维拉港 - 纳迪	2 210

其中的时间都是各国的地方时间. 但是,斐济比瓦努阿图和所罗门群岛早 1 h,而这两个国家又比巴布亚新几内亚早 1 h. 该航班的飞机由莫尔兹比港到纳迪在空中共飞行多长时间?(　　)

A. 5 h30 min　　B. 9 h30 min　　C. 7 h

D. 7 h30 min　　E. 9 h

解　全程所需的总时间是时刻表上的时间差 (2 210 - 1 310) =9 h,减去莫尔兹比港与纳迪之前的时差,即 2 h,也就是说,全程所需的总时间是 7 h. 但是旅客在霍尼亚拉停留 50 min,在维拉港停留 40 min,总共停留 1 h30 min. 因此,在空中飞行的时间是 7 h 减去 1 h30 min,即 5 h30 min.　　(A)

31. 在图 11 中,$\angle LMN$ 和 $\angle LNM$ 都是 45°. 线段 LM,LN,PQ 和 QR 的长度都是 1 个单位. 点 R 与直线 MN 的最大距离是(　　).

A. $2\sqrt{2}$　　B. $\dfrac{3+2\sqrt{2}}{2}$　　C. $1+\sqrt{3}$

D. $\dfrac{3+\sqrt{2}}{2}$　　E. $\dfrac{\sqrt{2}}{2}(1+\sqrt{5})$

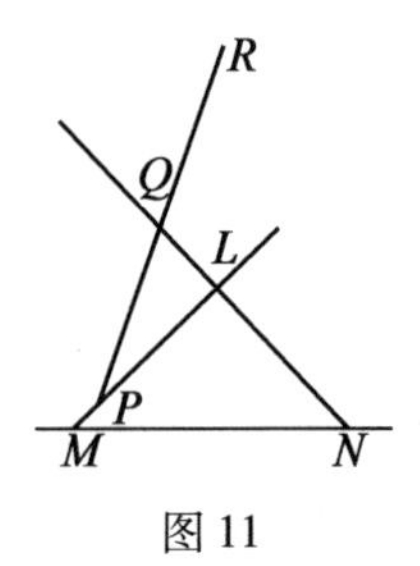

图 11

解法1　如图 12,由 R 向 ML 作垂线. 设 $\angle QPL$ 为 θ. 因为 MX 和 XR 与 MN 所成的角都是 $45°$,所以 R 在 MN 上的高度是

$$\frac{1}{\sqrt{2}}(MX + RX)$$

现在,$LX = \cos\theta, RX = 2\sin\theta$,而 R 在 MN 上的高度是

$$\frac{1}{\sqrt{2}}(1 + \cos\theta + 2\sin\theta)$$

因为表达式 $a\cos\theta + b\sin\theta$ 的最大值是 $\sqrt{a^2 + b^2}$,所以 $\cos\theta + 2\sin\theta$ 的最大值是 $\sqrt{5}$. 把这个值代入上面的表达式,便得到 R 在 MN 上的最大高度

$$\frac{1}{\sqrt{2}}(1 + \sqrt{5}) = \frac{\sqrt{2}}{2}(1 + \sqrt{5}) \qquad (\quad \text{E} \quad)$$

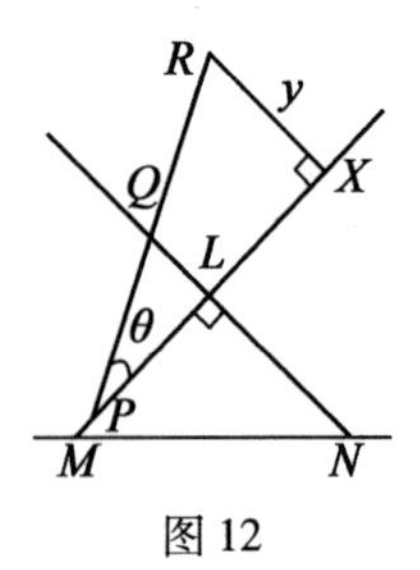

图 12

解法2　如图13,设RX是由R向ML所做的垂线.设x是LX的长度,y是RX的长度.注意到$PX=2x$,$PR=2$,于是有

$$4x^2+y^2=4$$

R在MN上的高度是

$$\frac{1}{\sqrt{2}}(1+x+y)$$

我们想要求$x+y$的最大值,其中x和y满足$4x^2+y^2=4$.

把变量x换成$X=2x$,即$x=\frac{X}{2}$.现在我们想要求$\frac{X}{2}+y$的最大值,其中X和y满足$X^2+y^2=4$.

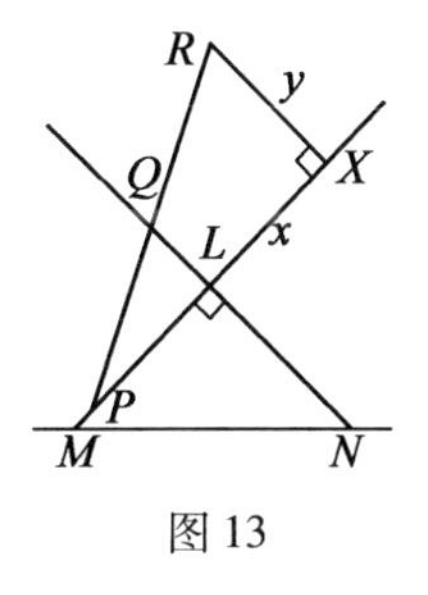

图13

第 7 章　1998 年试题

1. $\frac{0.4}{5}$ 的值是(　　).

A. 0.8　　B. 0.2　　C. 0.04

D. 0.45　　E. 0.08

解　$\frac{0.4}{5}=0.08$.　　(E)

2. 在 45 天的期间里,最多可能出现几个星期一?(　　).

A. 5 个　　B. 6 个　　C. 7 个

D. 8 个　　E. 9 个

解　当 45 天的第一天(或第二天,或第三天)是星期一时,在这 45 天里星期一出现的天数最多,有 7 天:第一天,第八天,第十五天,第二十二天,第二十九天,第三十六天,第四十三天.　　(C)

3. $\left(0.2+\frac{1}{0.2}\right)^2$ 的值是(　　).

A. 27.4　　B. 27.04　　C. 25.44

D. 25.04　　E. 5.408

解　$\left(0.2+\frac{1}{0.2}\right)^2=(0.2+5)^2$

$=(5.2)^2=27.04$　　(B)

4. 如果 $J = K\left(G - \frac{1}{T}\right)$，则 T 等于(　　).

A. $\frac{K}{G-J}$　　B. $\frac{K}{J-KG}$　　C. $\frac{J}{K} - G$

D. $\frac{1}{KG-J}$　　E. $\frac{K}{KG-J}$

解
$$J = K\left(G - \frac{1}{T}\right)$$

于是

$$G - \frac{1}{T} = \frac{J}{K}$$

$$\frac{1}{T} = G - \frac{J}{K}$$

$$= \frac{GK - J}{K}$$

所以

$$T = \frac{K}{GK - J}$$　　(E)

5. 如果 m 是奇数，n 是偶数，那么下列各数中哪一个是奇数？(　　)

A. $3m+4n$　　B. $4m+3n$　　C. $2m+5n$

D. $4m+2n$　　E. $6(m+n)$

解　$3m+4n$ = 奇数 + 偶数 = 奇数，其他各数都是偶数.　　(A)

6. 由 $x+y=6$，$y=4$，$x=0$ 和 $y=0$ 的图形所围成的面积是(　　).

A. 8　　B. 16　　C. 17

D. 18　　E. 36

解　直线 $x+y=6$ 在 x 轴和 y 轴上的截距都是6. 直线 $y=4$ 是一条通过点(0,4)的水平线,$y=0$ 是 x 轴,$x=0$ 是 y 轴. 如图1所示,需要求有阴影的区域的面积,这个区域是一个大三角形减去一个小三角形,它的面积是

$$面积=\frac{1}{2}\times 6\times 6-\frac{1}{2}\times 2\times 2$$

$$=18-2=16$$

(　B　)

图1

7. 如果 $pq=21$,$qr=132$ 和 $rp=77$,而 $p>0$,则 p 等于(　　).

A. $\frac{49}{4}$　　B. $\frac{4}{49}$　　C. $\frac{11}{4}$

D. $\frac{2}{7}$　　E. $\frac{7}{2}$

解　因为

$$pq\times rp=p^2qr=21\times 77$$

所以

$$\frac{p^2qr}{qr}=\frac{21\times 77}{132}=\frac{7^2}{2^2}$$

并且 $p^2=\left(\frac{7}{2}\right)^2$,于是 $p=\frac{7}{2}$.　　(　E　)

8. 如图2,从点S发出的一束光在点P处经镜面反射,达到点T,使得PT垂直于RS. 这时x是(　　).

A. 26　　B. 32　　C. 37

D. 38　　E. 45

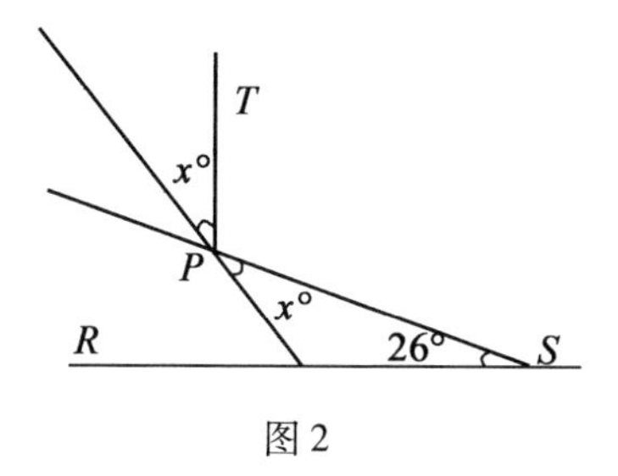

图2

解　如图3,延长TP交RS于Q,构成Rt△PQS和两个对顶角,我们得到

$$2x+90+26=180$$

$$2x=64$$

$$x=32$$　　(　B　)

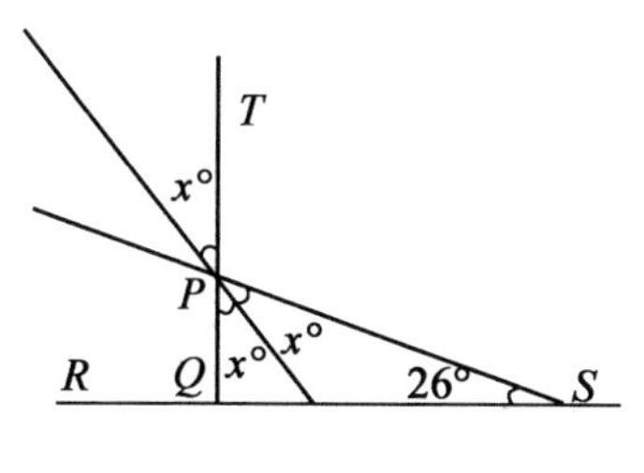

图3

9. $1-2\cos A$的最大值是(　　).

A. 5　　B. 3　　C. 1

D. 0　　E. -1

解　因为$\cos A$的取值范围是$[-1,1]$,所以当

$\cos A=-1$ 时 $1-2\cos A$ 取最大值,即 $1-2(-1)=1+2=3$. (B)

10. $\frac{2\,000^2-1\,998^2}{3\,998}$ 的值是(　　).

A. $\frac{1}{1\,999}$　　B. 1 998　　C. 1 999

D. 1　　E. 2

解

$$\frac{2\,000^2-1\,998^2}{3\,998}$$

$$=\frac{(2\,000+1\,998)\times(2\,000-1\,998)}{3\,998}$$

$$=\frac{3\,998\times 2}{3\,998}=2$$

(E)

11. 72^3 的最大因数(72^3 本身除外) 是(　　).

A. $2^9\times3^5$　　B. $2^8\times3^6$　　C. $2^8\times3^5$

D. $2^5\times3^5$　　E. $2^6\times3^6$

解　$72^3=(2^3\times3^2)^3=2^9\times3^6$. 为了得到 72^3 的最大因数(本身除外),舍去不为 1 的最小因子,即 2. 因此,最大因子是 $2^8\times3^6$. (B)

12. 如图 4,在 Rt$\triangle PQR$ 中,$\angle QPR=45°$. 以 P 为中心、PR 为半径作弧,与 PQ 相交于 S. 扇形 PRS 的面积与 RSQ 的面积之比是(　　).

A. 1　　B. $\frac{\pi}{8}$　　C. $\frac{4-\pi}{2\pi}$

D. $\frac{2\pi}{4-\pi}$　　E. $\frac{\pi}{4-\pi}$

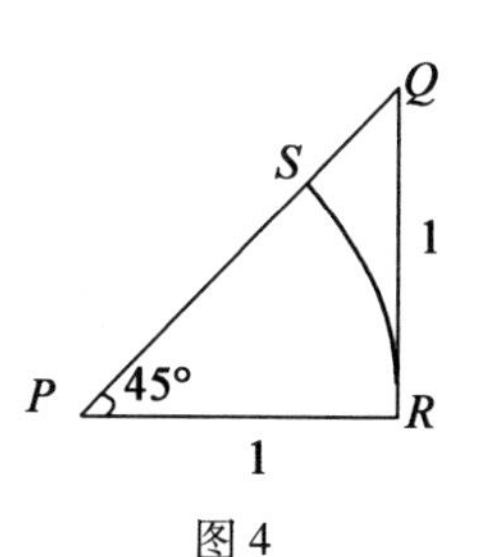

图4

解　因为 $\triangle PQR$ 是一个等腰三角形，可以设 $PR=PQ=1$（图5）.

$$\triangle PQR\text{ 的面积}=\frac{1}{2}$$

$$\text{扇形 }PRS\text{ 的面积}=\frac{1}{8}\pi\times 1^2=\frac{\pi}{8}$$

$$\frac{\text{扇形 }PRS\text{ 的面积}}{RSQ\text{ 的面积}}=\frac{\frac{\pi}{8}}{\left(\frac{1}{2}-\frac{\pi}{8}\right)}=\frac{\frac{\pi}{8}}{\frac{4-\pi}{8}}=\frac{\pi}{8}\times\frac{8}{4-\pi}=\frac{\pi}{4-\pi}$$

（ E ）

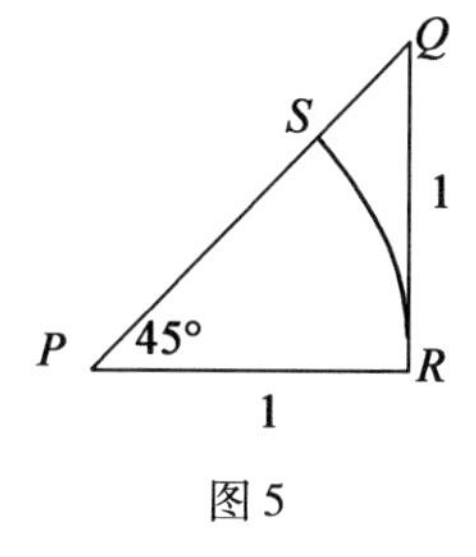

图5

13. 一辆出租车前排能坐一位乘客,后排能坐三位乘客,现有四位乘客,其中一人不能坐在前排,问有多少种不同的就座方式?(　　)

A. 4 种　　B. 6 种　　C. 12 种

D. 18 种　　E. 24 种

解　有三位乘客中的任何一位都能坐在前排的那一个座位上,而其余三位乘客可以随意坐在后排的三个座位上,排列数为

$$3\times 3! = 3\times 3\times 2\times 1 = 18 \quad (\ D\ )$$

14. 如图 6,在 Rt$\triangle PQR$ 和 $\triangle PRS$ 中,直角顶点分别在 Q 和 R. $\angle QPR$ 和 $\angle RPS$ 相等. 如果 $PS = 9\frac{3}{8}$cm, $PQ = 2\frac{2}{3}$cm,那么 PR 的长度是(　　).

A. $4\frac{1}{4}$　　B. $4\frac{2}{3}$　　C. 5

D. $5\frac{1}{2}$　　E. $5\frac{3}{8}$

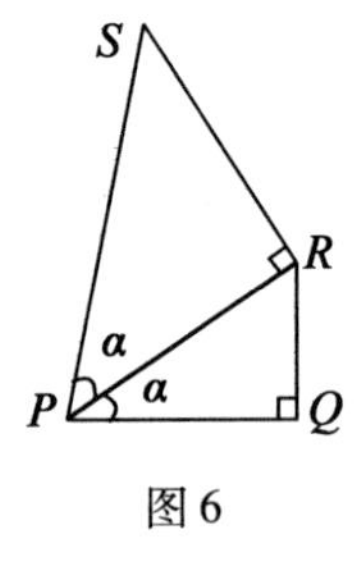

图 6

解　$\triangle PQR \backsim \triangle PRS$. 所以

$$\frac{9\frac{3}{8}}{PR}=\frac{PR}{2\frac{2}{3}}$$

$$PR^2=\frac{75}{8}\times\frac{8}{3}$$

$$=25$$

$$PR=5$$　　　　　　　　（　C　）

15. 对于一切满足$\frac{1}{x}+\frac{1}{y}=\frac{1}{12}$的正整数$x$和$y$来说，$y$可能具有的最大值是（　　）.

A. 60　　　　B. 84　　　　C. 96

D. 156　　　　E. 288

解　$$\frac{1}{y}=\frac{1}{12}-\frac{1}{x}=\frac{x-12}{12x}$$

$$y=\frac{12x}{x-12}$$

当x最小时，y最大，而最小的x是13. 因此，最大的y可能是$12\times13=156$.　　　　（　D　）

16. 杰克（Jack）和吉尔（Jill）每人各有一只水壶，其中都装有1 L水. 第一天，杰克把他的壶中的1 mL水倒入吉尔的壶中. 第二天，吉尔把他的壶中的3 mL水倒入杰克的壶中. 第三天，杰克把他的壶中的5 mL水倒入吉尔的壶中，这样继续做下去，其中每个人倒出的水比前一天从对方得到的水多2 mL. 试问第101天结束后，杰克壶中有多少毫升水？（　　）

A. 799 mL　　　B. 899 mL　　　C. 900 mL

D. 1 000 mL　　E. 1 101 mL

解 第一天过后,杰克的壶中有 999 mL 水. 以后每过两天,他的壶中就减少 2 mL 水. 所以 101 天以后,杰克的壶中有 $999-(50\times 2)=899$ mL 的水.

(B)

17. 方程 $x^3+3x+2=|x+1|$ 的不同根的和是( ).

A. -4　　B. 4　　C. 0

D. -1　　E. 2

解法 1 当 $x+1\geqslant 0$ 时, $|x+1|=x+1$, 于是当 $x\geqslant -1$ 时

$$x^2+3x+2=x+1$$
$$x^2+2x+1=0$$
$$(x+1)^2=0$$

所以 $x=-1$.

当 $x+1<0$ 时, $|x+1|=-x-1$, 于是当 $x<-1$ 时

$$x^2+3x+2=-x-1$$
$$x^2+4x+3=0$$
$$(x+3)(x+1)=0$$

所以 $x=-3$.

两个不同的根 -1, -3 的和为 -4.　　(A)

解法 2 如果我们画出 $y=x^3+3x+2$ 和 $y=|x+1|$ 的图形,我们就能看到这两个圆形相交两次,即在 $x=-3$ 和 $x=-1$ 处(图 7).　　(A)

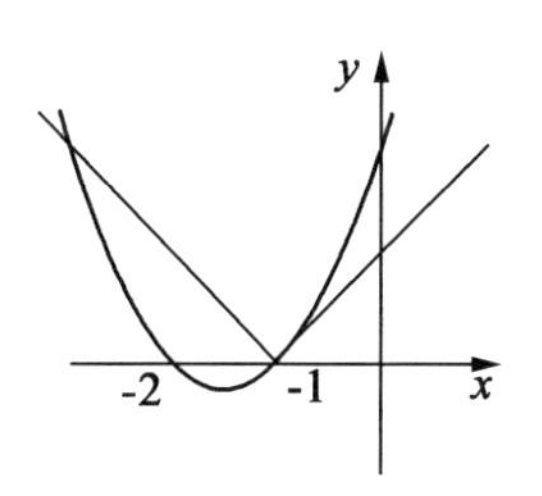

图7

18. 由一个立方体的各顶点能够构成多少个不同大小、不同形状的三角形?(　　)

A. 1个　　B. 2个　　C. 3个

D. 4个　　E. 5个

解　考虑一个顶点. 可以通过一个棱 x,一个面的对角线 y,或一个立方体的对角线 z,把这个顶点与其他顶点相连接,如图8所示. 不全等的三角形有 xxy,xyz 和 yyy,即有三个.　　(　C　)

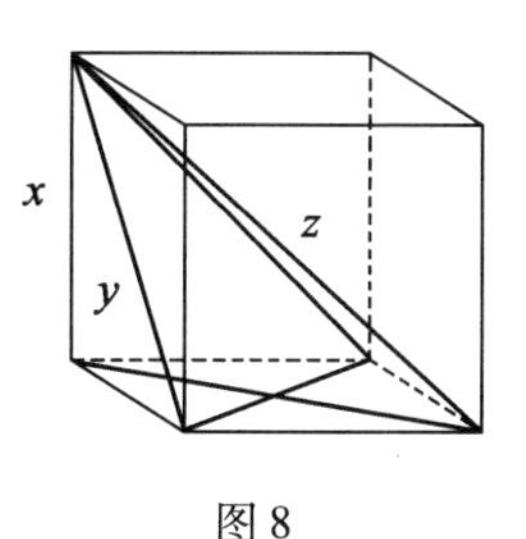

图8

19. 如图9,一个边长为2 cm的正六边形,绕对角线 XY 旋转. 这样产生的立体的体积是(　　).

A. 8π cm^3　　B. $\frac{8\pi}{3}$cm^3　　C. 4π cm^3

D. 2π cm^3　　E. 12π cm^3

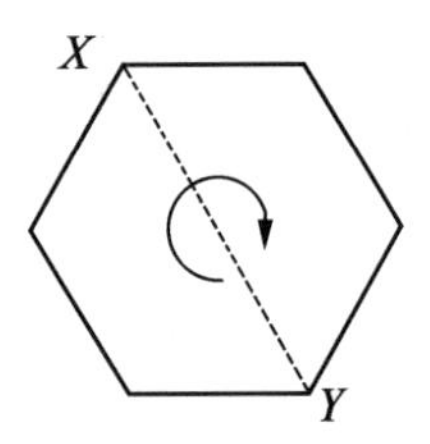

图 9

解 如图10,这个立体由一个圆柱和两个圆锥组成,圆柱底面半径为$\sqrt{3}$,高为2,圆锥底面半径为$\sqrt{3}$,高为1. 因此,它人体积是

$$V=\pi(\sqrt{3})^2\times 2+2\times\frac{1}{3}\times\pi(\sqrt{3})^2$$
$$=6\pi+2\pi$$
$$=8\pi$$
(A)

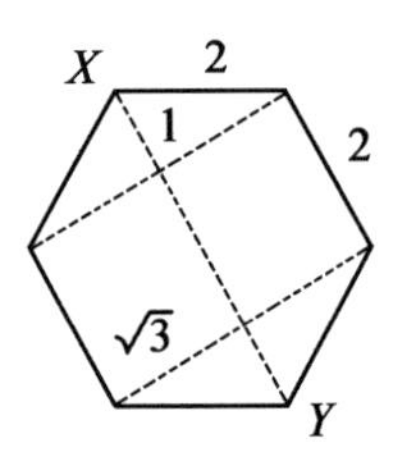

图 10

20. 在21世纪中有多少年数具有下述性质:把这些年数分别除以2,3,5和7,余数总是1?( )

A. 0 年　　B. 1 年　　C. 2 年

D. 3 年　　E. 4 年

解 设N是具有所要求的性质的年数,则$N=2k+1=3l+1=5m+1=7n+1$,于是$N-1$可被2,

3,5和7整除,又因为2,3,5和7没有任何公因子,所以 $N-1$ 可被 $2\times3\times5\times7=210$ 整除,并且

$$N=210p+1$$

同时

$$210p+1\leqslant 2\ 100$$
$$p<10$$

因此

$$N\leqslant 9\times210=1\ 891$$

即具有所要求性质的最大年代($\leqslant 2\ 100$)是1 891,所以,在21世纪中不存在这样的年代.　　　　(A)

21. 设 a,b,c 是三个数字,利用 a,b 和 c 能够构成四位数 $8abc$. 把四个数字反转,得到四位数 $cba8$. 如果 $a>b>c$,且 $8abc-cba8=7\ 623$,那么可能有多少个三数组 (a,b,c)(　　).

A. 1　　　B. 5　　　C. 6

D. 7　　　E. 9

解　因为

$$\begin{array}{rrrr} 8 & a & b & c \\ -\ c & b & a & 8 \\ \hline 7 & 6 & 2 & 3 \end{array}$$

由个位数的一行得知 $c=1$,于是

$$\begin{array}{rrrr} 8 & a & b & 1 \\ -\ 1 & b & a & 8 \\ \hline 7 & 6 & 2 & 3 \end{array}$$

因为 $a>b$,所以由十位数的一行得到 $(10+b-1)-$

$a=2$,即 $a=b+7$. 因为 a,b,c 都是数字,所以$(a,b)=(7,0),(8,1),(9,2)$. 但是 $c=1$,而 $b>c$,所以$(7,0)$ 和$(8,1)$ 都不可能. 因此,$(a,b,c)=(9,2,1)$是唯一可能的三数组.　　　　　　　　　　　　　(A)

22. 方程

$$\frac{x^3}{\sqrt{4-x^2}}+x^2-4=0$$

有多少个实根?(　　)

A. 0 个　　　B. 1 个　　　C. 2 个

D. 3 个　　　E. 4 个

解

$$\frac{x^3}{\sqrt{4-x^2}}+x^2-4=0$$

$$x^3=(4-x^2)(4-x^2)^{\frac{1}{2}}$$

$$=(4-x^2)^{\frac{3}{2}}$$

两边取平方

$$x^6=(4-x^2)^3$$

两边开立方

$$x^2=4-x^2$$

$$x^2=2$$

$$x=\pm\sqrt{2}$$

验证两个根(因为上面曾将两边取平方,故可能产生增根),$x=-\sqrt{2}$ 不满足原方程. 只有一个根 $x=\sqrt{2}$.

(B)

23. 在梯形 $PQRS$ 中,$PQ /\!/ SR$,$SR=2PQ$. 点 M 是 PQ 的中点,N 是 QR 的中点,L 是 SR 上的一点,使得

$LR=3LS$. 如果 $PQ=1$, 那么 $\triangle LMN$ 的面积与梯形 $PQRS$ 的面积之比是(　　).

A. $\frac{1}{2}$　　B. $\frac{2}{\sqrt{3}}$　　C. $\frac{1}{4}$

D. $\frac{2}{3}$　　E. $\frac{1}{3}$

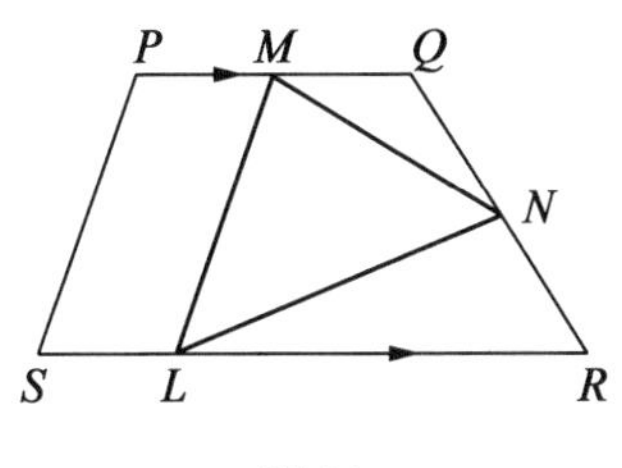

图 11

解　设梯形两平行边之间的距离是 h

$$PM=MQ=SL=\frac{1}{2}, LR=\frac{3}{2}$$

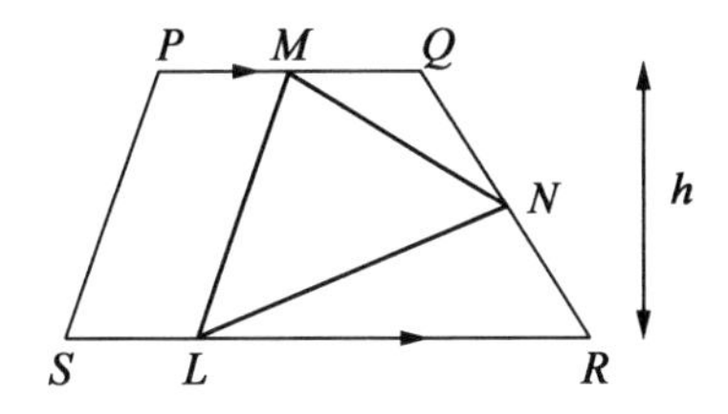

图 12

$$\text{梯形 } PQRS=\frac{1}{2}(2+1)\times h$$

$$=\frac{3h}{2}$$

平行四边形 $PMLS$ 的面积 $=\frac{h}{2}$

$$\triangle MQN\text{ 的面积}=\frac{1}{2}\times\frac{1}{2}\times\frac{h}{2}=\frac{h}{8}$$

$$\triangle LRN\text{ 的面积}=\frac{1}{2}\times\frac{3}{2}\times\frac{h}{2}=\frac{3h}{8}$$

因此

$$\triangle LMN\text{ 的面积}=\frac{3h}{2}-\frac{h}{2}-\frac{h}{8}-\frac{3h}{8}=\frac{h}{2}$$

所以

$$\frac{\triangle LMN\text{ 的面积}}{\text{梯形 }PQRS\text{ 的面积}}=\frac{\frac{h}{2}}{\frac{3h}{2}}=\frac{1}{3}\quad(\text{ E })$$

注 PQ 的实际长度与最后得到的比值无关,为了书写简单,可将各边加倍,取 $PQ=2$.

24. 设 n 是一个正整数,试求满足方程

$$\frac{n^3-3}{n^3}+\frac{n^3-4}{n^3}+\frac{n^3-5}{n^3}+\frac{n^3-6}{n^3}+\cdots+\frac{5}{n^3}+\frac{4}{n^3}+\frac{3}{n^3}=169$$

的 n 的值( ).

A. 5　　B. 7　　C. 9

D. 11　　E. 13

解法 1 由

$$\frac{n^3-3}{n^3}+\frac{n^3-4}{n^3}+\cdots+\frac{4}{n^3}+\frac{3}{n^3}=169$$

得到

$$1-\frac{3}{n^3}+1-\frac{4}{n^3}+\cdots+1-\frac{n^3-3}{n^3}=169$$

$$(n^3-5)-\left(\frac{3}{n^3}+\frac{4}{n^3}+\cdots+\frac{n^3-3}{n^3}\right)=169$$

$$n^3-5-(169)=169$$

$$n^3=343$$

即 $n=7$.　　　　（ B ）

解法 2　等式左边是一个算术级数，其首项是 $\frac{n^3-3}{n^3}$，公差是 $-\frac{1}{n^3}$. 共有 $(n^3-3)-3+1=n^3-5$ 项.

因此

$$\frac{n^3-5}{2}\left(\frac{n^3-3}{n^3}+\frac{3}{n^3}\right)=169$$

$$\frac{n^3-5}{2}\left(\frac{n^3}{n^3}\right)=169$$

$$n^3-5=338$$

$$n^3=343$$

$$n=7$$

解法 3　$$\frac{n^3-3}{n^3}+\frac{n^3-4}{n^3}+\cdots+\frac{4}{n^3}+\frac{3}{n^3}=169$$

把各项颠倒次序重新写出

$$\frac{3}{n^3}+\frac{4}{n^3}+\cdots+\frac{n^3-4}{n^3}+\frac{n^3-3}{n^3}=169$$

共有 n^3-5 项，求和，得到 $n^3-5=2\times169=338$. 于是，$n^3=343$，$n=7$.

25. $\triangle PQR$ 是由长度为整数的各边构成的. 如果

$PQ=37$,$QR=m$,其中 m 是一个小于37的固定整数,那么 PR 可能有多少个不同的长度(　　).

A. m　　　B. $2m+1$　　　C. $2m$

D. $2m-1$　　　E. $2m-2$

解　设 $PR=x$. 因为任何两边之和都大于第三边,所以有 $x<37+m$ 或 $x\leqslant 36+m$,以及 $x+m>37$ 或 $x\geqslant 38-m$. 由 $x\leqslant 36+m$ 和 $x\geqslant 38-m$,得到可能的个数是

$$(36+m)-(38-m)+1=2m-1$$

(　D　)

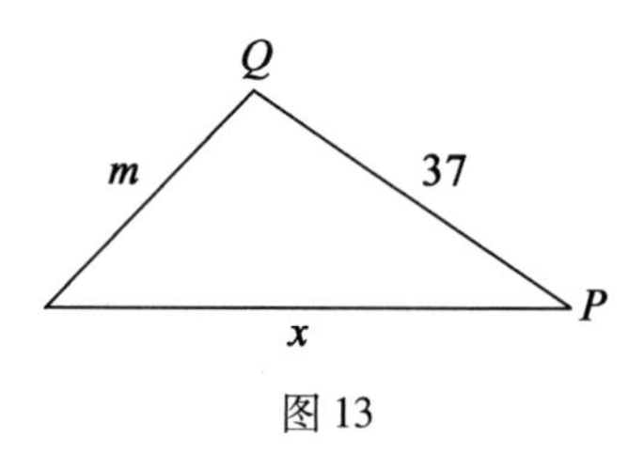

图 13

26. 设 $[a]$ 表示不大于 a 的最大整数. 例如,$\left[\frac{11}{3}\right]=3$. 给定函数

$$f(x)=\left[\frac{x}{7}\right]\left[\frac{37}{x}\right]$$

其中 x 是满足 $1\leqslant x\leqslant 45$ 的整数,试问 $f(x)$ 可以取多少个值(　　).

A. 1　　　B. 3　　　C. 4

D. 5　　　E. 6

解　对于 $1\leqslant x\leqslant 6$,$\left[\frac{x}{7}\right]=0$,所以 $f(x)=0$.

对于$7 \leqslant x \leqslant 13$，$\left[\frac{x}{7}\right]=1$，而$\left[\frac{37}{x}\right]=2,3,4$和5，所以

$$f(x)=2,3,4,5$$

对于$14 \leqslant x \leqslant 20$，$\left[\frac{x}{7}\right]=2$，而$\left[\frac{37}{x}\right]=1$和2，所以

$$f(x)=2 \text{ 和 } 4$$

对于$21 \leqslant x \leqslant 27$，$\left[\frac{x}{7}\right]=3$，而$\left[\frac{37}{x}\right]=1$，所以$f(x)=3$.

对于$28 \leqslant x \leqslant 34$，$\left[\frac{x}{7}\right]=4$，而$\left[\frac{37}{x}\right]=1$，所以$f(x)=4$.

对于$35 \leqslant x \leqslant 41$，$\left[\frac{x}{7}\right]=5$，而$\left[\frac{37}{x}\right]=0$和1，所以$f(x)=0$和5.

对于$42 \leqslant x$，$\left[\frac{37}{x}\right]=0$，所以$f(x)=0$.

因此$f(x)$可以取的值是0,2,3,4和5.（　D　）

27. 我们想要填满空白的方格，使得在每一行和每一列中都出现1,2,3,4,5和6这六个数字. 试问有多少种不同填写方式（　　）.

A. 16　　B. 24　　C. 2^{16}

D. 24^4　　E. 16^2

1	2	3	4	5	6
2					5
3					4
4					3
5					2
6	5	4	3	2	1

图 14

解 解决这类问题的一种很自然的办法是:首先填写没有选择余地的空格,如果不是这种情况,则应首先填写选择可能性小的空格. 如果不是只有一种填写的可能性,而是存在几个有两种可能选择的空格,那么就应从其中一个空格开始填写. 首先填写第二列、第三行的空格,因为在第二列已经有 2 和 5,在第三行已经有3 和4,所以可能的选择只有1 和6. 如果选择1,则其他三个空格随之即可确定. 如果选择 6,则其他三个空格同样可以确定. 因此选择的结果是:

1	2	3	4	5	6
2		1	6		5
3					4
4					3
5		6	1		2
6	5	4	3	2	1

(a)

1	2	3	4	5	6
2		6	1		5
3					4
4					3
5		1	6		2
6	5	4	3	2	1

(b)

图 15

下一步,如果要填写中间四个空格,那么我们发现也有两种选择,这与第一次选择 1 还是选择 6 无关. 例如,从上面的第一种选择继续填写,我们得到:

1	2	3	4	5	6
2		1	6		5
3		2	5		4
4		5	2		3
5		6	1		2
6	5	4	3	2	1

(a)

1	2	3	4	5	6
2		1	6		5
3		5	2		4
4		2	5		3
5		6	1		2
6	5	4	3	2	1

(b)

图 16

而从上面的第二种选择也会得到另外两种结果.剩下的八个空格同样可以分成两组进行填写,每一组又有两种新的选择,而与以前所做的选择无关.所以有 $2^4=16$ 种不同的填写方式.　　(　A　)

28. $a_1,a_2,a_3,\cdots,a_{15}$ 是一些满足下列条件的正实数

$$a_1+a_2+a_3+\cdots+a_{15}=152$$

并且,对于从 1 到 15 中的每一个数 n,可以从集合 $a_1,a_2,a_3,\cdots,a_{15}$ 中选取 n 个数,使得它们的和是一个整数. $a_1,a_2,a_3,\cdots,a_{15}$ 中的最大数的最小可能值是(　　).

A. 10　　B. $10\frac{1}{6}$　　C. $10\frac{1}{5}$

D. $10\frac{1}{4}$　　E. 11

解　设 $a_1+a_2+a_3+a_4+a_5$ 是一个整数,那么或者

$$a_1+a_2+a_3+a_4+a_5\geqslant 51$$

或者

$$a_6+a_7+\cdots+a_{15}\geqslant 102$$

在两种情况下,我们都能找到一项 $a_i\geqslant 10\frac{1}{5}$. 显然序列

$$10,10,10,10,10,10\frac{1}{5},10\frac{1}{5},\cdots,10\frac{1}{5}$$

满足所要求的条件,因此最大的 a_i 的最小可能值是 $10\frac{1}{5}$. (C)

29. 列车出发一小时后发生故障. 工程师用了半小时把它修复了. 但是列车只能以原速一半的速度继续行驶,到达终点时延误了 2 h. 如果列车多行 100 km 后才发生故障,那么最终将延误 1 h. 列车行驶的路程是(　　).

A. 250 km　　B. 275 km　　C. 300 km

D. 325 km　　E. 350 km

解　设列车原来的速度是 v,行驶的全程是 d km,所以发生故障后的速度是 $\frac{v}{2}$. 如果列车多行驶 100 km 才发生故障,则可节省 1 h,因此以 $\frac{v}{2}$ 的速度行驶 100 km 需要增加 1 h,所以

$$\frac{100}{\frac{v}{2}}-\frac{100}{v}=1$$

$$\frac{200}{v}-\frac{100}{v}=1$$

$$\frac{100}{v}=1$$

$$v = 100(\text{km/h})$$

以 100 km/h 行驶全程 d 的正常时间是$\frac{d}{100}$. 发生故障后,行驶全程的时间是

$$1 + \frac{1}{2} + \frac{d - 100}{50}$$

因此

$$\frac{d}{100} + 2 = 1\frac{1}{2} + \frac{d - 100}{50}$$

$$d + 200 = 150 + 2d - 200$$

$$d = 250$$　　　　　　　　(A)

30. 一个国家公园准备建立急救服务系统. 各急救站之间由电话线相互联络. 每个急救站必须能够同其他所有急救站进行联络,或者直接联络,或者最多通过另一个急救站来联络. 每个急救站最多能够通过三条电话线. 图 17 表示这种网络的一个例子,它联络着七个急救站. 按这种方式建立的网络系统最多能够联络多少个急救站?(　　)

A. 7 个　　B. 8 个　　C. 9 个

D. 10 个　　E. 11 个

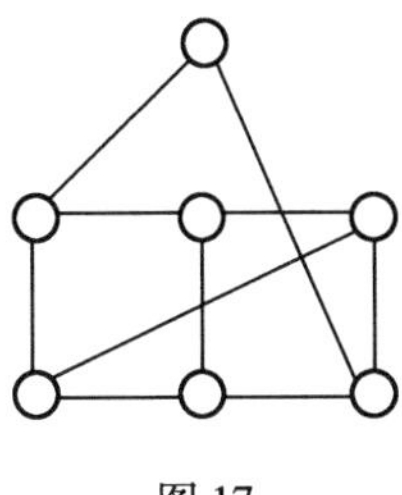

图 17

解　在这个问题中给出的例子说明,至少有 7 个

急救站可以用这种方式进行联络. 我们首先求出急救站的最多个数,然后验证是否可以构成具有这么多急救站的网络. 让我们选取一个特定的急救站,把它看作基地. 它可以同另外 1 个、2 个或 3 个急救站联络,如下图 18 所示:

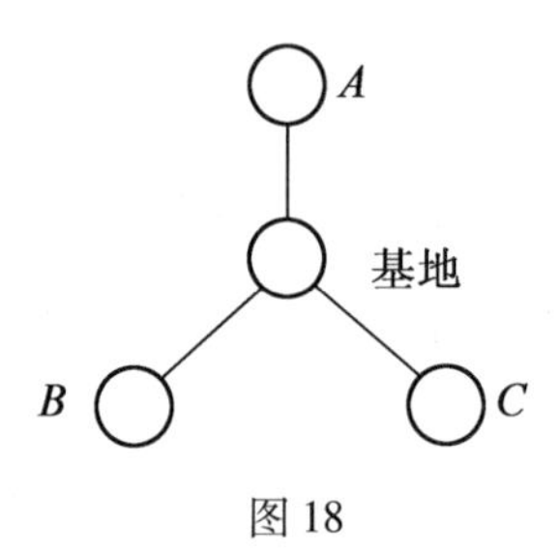

图 18

(为了考虑到可能存在三条电话线并未完全使用的基地,就说 A,B 和 C 不一定不同.)急救站 A,B 和 C 中的每一个都还有两条未使用的电话线,因而每一个都能再与两个急救站联络,如图 19 所示:

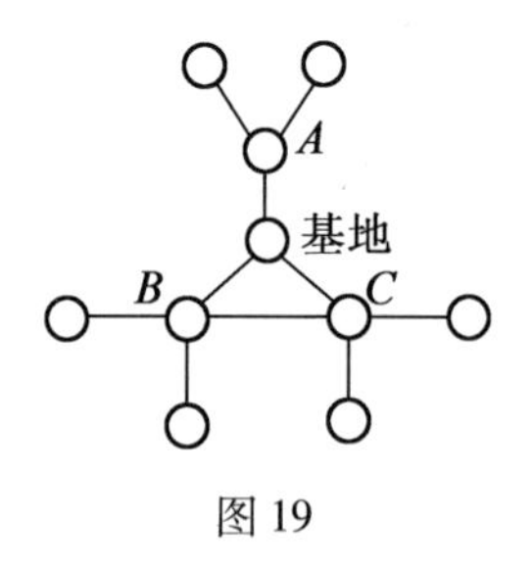

图 19

(同样,图中所示急救站不一定不同.)现在,不可能再增加急救站了,因为再增加的任何急救站都不可能与基地"紧密"联络,即最多通过另一个急救站联络. 这就说明网络中的急救站不能多于 10 个. 现在我

们来验证是否可以建立包含10个急救站的网络. 在上面的图中,只有基地能与其他急救站紧密联络. 例如, A 距离 B 和 C 以外联络的急救站"太远了". 但是这些外面的急救站中的每一个都还有两条未使用的电话线,可以使用这些电话线把外面的急救站与所有的急救站紧密联络. 这要求试着进行,最后我们确实会得到含有10个急救站的网络系统,如下图20所示:

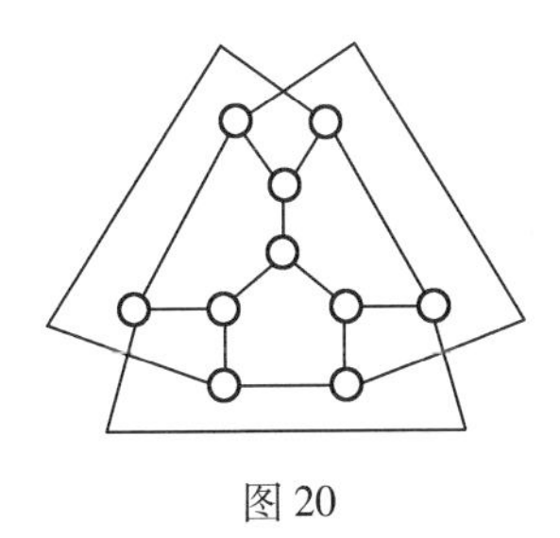

图20

(D)

注　有趣的是,这个特定的网络图就是著名的彼得森(Peterson)图,这种图在一些看来并无联系的方面都会出现. 然而,其表示方式可能与图20不同,通常表示如图21:

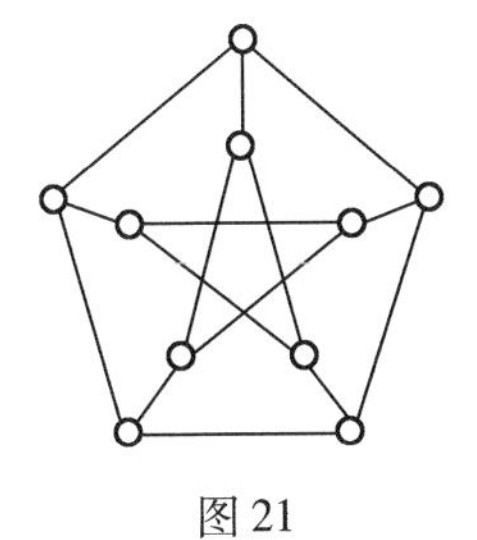

图21

编辑手记

数学竞赛是一项吸引人的活动，著名数学家 M. Gardner 指出：初学者解答一个巧题时得到了快乐，数学家解决了更先进的问题时也得到了快乐，在这两种快乐之间没有很大的区别. 二者都关注美丽动人之处——即支撑着所有结构的那匀称的，定义分明的，神秘的和迷人的秩序.

由于中国数学奥林匹克如同乒乓球和围棋一样在世界享有盛誉，所以有关数学竞赛的书籍也多如牛毛，但这是本工作室首次出版澳大利亚的数学竞赛题解.

澳大利亚笔者没有去过，但与之相邻的新西兰笔者去过多次，虽然新西兰

也出过菲尔兹奖得主即琼斯——琼斯多项式的提出者,但整体上数学教育水平还是澳大利亚略高一筹.以至于新西兰中小学生参加的数学竞赛还是使用澳大利亚的竞赛题目,按说从历史上看新西兰的早期移民大多是欧洲的贵族,而澳大利亚居民大多是被发配的罪犯,经过百年的历史演变可以看出社会制度的威力,这是值得我们深思的.再一个可供我们反思的是澳大利亚慢生活的魅力.我们近四十年来,高歌猛进,大干快上,锐意进取,岁月匆匆.

回顾历史,19世纪的欧洲,大量的娱乐时间意味着一个人的社会地位很高:一位哲学家曾这样描述1840年前后巴黎文人、学士的生活——他们的时间十分富余,以至于在游乐场遛乌龟成了一件非常时髦的事情,类似的项目在澳大利亚还能找到.

摘一段《数学竞赛史话》(单墫著,广西教育出版社,1990.)中关于澳大利亚数学竞赛的介绍.

> 第29届IMO于1988年在澳大利亚首都堪培拉举行.
>
> 这一届IMO有49个国家和地区参加,选手达到268名.规模之大超过以往任何一届.
>
> 这一年,恰逢澳大利亚建国200周年,整个IMO的活动在十分热烈、隆重的气氛中进行.
>
> 这是第一次在南半球举行的IMO,也是

第一次在亚洲地区和太平洋沿岸地区举行的IMO.参赛的非欧洲国家和地区有25个,第一次超过了欧洲国家(24个).

东道主澳大利亚自1971年开展全国性的数学竞赛,并且在70年代末成立了设在国家科学院之下的澳大利亚数学奥林匹克委员会,该委员会专门负责选拔和培训澳大利亚参加IMO的代表队.澳大利亚各州都有一名人员参加这个委员会的工作.澳大利亚自1981年起,每年都参加IMO.IMO(物理、化学奥林匹克)的培训都在堪培拉高等教育学院进行.澳大利亚数学会一直对这个活动给予经费与业务方面的支持和帮助.澳大利亚IBM有限公司每年提供赞助.

早在1982年,澳大利亚数学会及一些数学界、教育界人士就提出在1988年庆祝该国建国200周年之际举办IMO.澳大利亚政府接受了这一建议,并确定第29届IMO为澳大利亚建国200周年的教育庆祝活动.在1984年成立了"澳大利亚1988年IMO委员会".委员会的成员包括政府、科学、教育、企业等各界人士.澳大利亚为第29届IMO做了大量准备工作,政府要员也纷纷出马.总理霍克与教育部部长为举办IMO所印的宣传册等写祝词.霍克还出席了竞赛的颁奖仪式,他亲自为荣获金奖(一等奖)的17位中

学生(包括我国的何宏宇和陈晞)颁奖,并发表了热情洋溢的讲话.竞赛期间澳大利亚国土部部长在国会大厦为各国领队举行了招待会,国家科学院院长也举办了鸡尾酒会.竞赛结束时,教育部部长设宴招待所有参加IMO的人员.澳大利亚数学界的教授、学者也做了大量的组织接待及业务工作,为这届IMO做出了巨大的贡献.竞赛地点在堪培拉高等教育学院.组织者除了堪培拉的活动外,还安排了各代表队在悉尼的旅游.澳大利亚IBM公司将这届IMO列为该公司1988年的14项工作之一,它是这届IMO的最大的赞助商.

竞赛的最高领导机构是"澳大利亚1988年IMO委员会",由23人组成(其中有7位教授,4位博士).主席为澳大利亚科学院院士、亚特兰大大学的波茨(R. Potts)教授.在1984年至1988年期间,该委员会开过3次会来确定组织机构、组织方案、经费筹措等重大问题.在1984年的会议上决定成立"1988年IMO组织委员会",负责具体的组织工作.

组委会共有13人(其中有3位教授,4位博士),主席为堪培拉高等教育学院的奥哈伦(P. J. O' Halloran)先生,波茨教授也是组委会委员.

组委会下设6个委员会.

1. 学术委员会

主席由组委会委员、新南威尔士大学的戴维·亨特(D. Hunt)博士担任. 下设两个委员会:

(1)选题委员会. 由6人组成(包括3位教授,1位副教授和1位博士. 其中有两位为科学院院士). 该委员会负责对各国提供的竞赛题进行审查、挑选,并推荐其中的一些题目给主试委员会讨论.

(2)协调委员会. 由主任协调员1人,高级协调员6人(其中有两位教授,1位副教授,1位博士),协调员33人(其中有5位副教授,18位博士)组成. 协调员中有5位曾代表澳大利亚参加IMO并获奖. 协调委员会负责试卷的评分工作:分为6个组,每组在1位高级协调员的领导下核定一道试题的评分.

2. 活动计划委员会

该委员会有70人左右,负责竞赛期间各代表队的食宿、交通、活动等后勤工作. 给每个代表队配备1位向导. 向导身着印有IMO标记的统一服装. 各队如有什么要求或问题均可通过向导反映. IMO的一切活动也由向导传送到各代表队.

3. 信息委员会

负责竞赛前及竞赛期间的文件的编印,

准备奖品和证书等.

4. 礼仪委员会

负责澳大利亚政府为1988年IMO组织的庆典仪式、宴会等活动. 由内阁有关部门、澳大利亚数学基金会、首都特区教育部门、一些院校及社会公益部门的人员组成.

5. 财务委员会

负责这届IMO的财务管理. 由两位博士分别担任主席和顾问,一位教授任司库.

6. 主试委员会(Jury,或译为评审委员会)

由澳大利亚数学界人士和各国或地区领队组成. 主席为波茨教授. 另设副主席、翻译、秘书各1位.

主试委员会为IMO的核心. 有关竞赛的任何重大问题必须经主试委员会表决通过后才能施行,所以主席必须是数学界的权威人士,办事果断并具有相当的外交经验.

以上6个委员会共约140人,有些人身兼数职. 各机构职能分明又互相配合.

这届竞赛活动于1988年7月9日开始. 各代表队在当日抵达悉尼并于当日去新南威尔士大学报到. 领队报到后就离开代表队住在另一个宾馆,并于11日去往堪培拉. 各代表队在副领队的带领下由澳大利亚方面安排在悉尼参观游览,14日去往堪培拉,住在堪培拉高等教育学院.

领队抵达堪培拉后,住在澳大利亚国立大学,参加主试委员会,确定竞赛试题,译成本国文字.在竞赛的第二天(16日)领队与本国或本地区代表队汇合,并与副领队一起批阅试卷.

竞赛在15、16日两天上午进行,从8:30开始,有15个考场,每个考场有17至18名学生.同一代表队的选手分布在不同的考场.比赛的前半小时(8:30-9:00)为学生提问时间.每个学生有三张试卷,一题一张;又有三张专供提问的纸,也是一题一张.试卷和问题纸上印有学生的编号和题号.学生将问题写在问题纸上由传递员传送.此时领队们在距考场不远的教室等候.学生所提问题由传递员首先送给主试委员会主席过目后,再交给领队.领队必须将学生所提问题译成工作语言当众宣读,由主试委员会决定是否应当回答.领队的回答写好后,必须当众宣读,经主试委员会表决同意后,再由传递员送给学生.

阅卷的结果及时公布在记分牌上.各代表队的成绩如何,一目了然.

根据中国香港代表队的建议,第29届IMO首次设立了荣誉奖,颁发给那些虽然未能获得一、二、三等奖,但至少有一道题得到

满分的选手. 于是有26个代表队的33名选手获得了荣誉奖,其中有7个代表队是没有获得一、二、三等奖的. 设置荣誉奖的做法,显然有利于调动更多国家或地区、更多选手的积极性.

在整个竞赛期间,澳大利亚工作人员认真负责,彬彬有礼,效率之高令人赞叹!

为了表达对大家的感谢,荷兰领队J. Noten boom教授完成了一件奇迹般的工作,他用200个高脚玻璃杯组成了一个大球(非常优美的数学模型!),在告别宴会上赠给组委会主席奥哈伦教授.

单墫教授当年在这本著作出版后即赠了一本给笔者,二十多年过去了,这本书仍留在笔者的案头上,听说最近又要再版了.

寥寥数语,是以为记.

刘培杰

2019.2.21

于哈工大

刘培杰数学工作室
已出版(即将出版)图书目录——初等数学

书　　名	出版时间	定　价	编号
新编中学数学解题方法全书(高中版)上卷(第2版)	2018－08	58.00	951
新编中学数学解题方法全书(高中版)中卷(第2版)	2018－08	68.00	952
新编中学数学解题方法全书(高中版)下卷(一)(第2版)	2018－08	58.00	953
新编中学数学解题方法全书(高中版)下卷(二)(第2版)	2018－08	58.00	954
新编中学数学解题方法全书(高中版)下卷(三)(第2版)	2018－08	68.00	955
新编中学数学解题方法全书(初中版)上卷	2008－01	28.00	29
新编中学数学解题方法全书(初中版)中卷	2010－07	38.00	75
新编中学数学解题方法全书(高考复习卷)	2010－01	48.00	67
新编中学数学解题方法全书(高考真题卷)	2010－01	38.00	62
新编中学数学解题方法全书(高考精华卷)	2011－03	68.00	118
新编平面解析几何解题方法全书(专题讲座卷)	2010－01	18.00	61
新编中学数学解题方法全书(自主招生卷)	2013－08	88.00	261
数学奥林匹克与数学文化(第一辑)	2006－05	48.00	4
数学奥林匹克与数学文化(第二辑)(竞赛卷)	2008－01	48.00	19
数学奥林匹克与数学文化(第二辑)(文化卷)	2008－07	58.00	36′
数学奥林匹克与数学文化(第三辑)(竞赛卷)	2010－01	48.00	59
数学奥林匹克与数学文化(第四辑)(竞赛卷)	2011－08	58.00	87
数学奥林匹克与数学文化(第五辑)	2015－06	98.00	370
世界著名平面几何经典著作钩沉——几何作图专题卷(上)	2009－06	48.00	49
世界著名平面几何经典著作钩沉——几何作图专题卷(下)	2011－01	88.00	80
世界著名平面几何经典著作钩沉(民国平面几何老课本)	2011－03	38.00	113
世界著名平面几何经典著作钩沉(建国初期平面三角老课本)	2015－08	38.00	507
世界著名解析几何经典著作钩沉——平面解析几何卷	2014－01	38.00	264
世界著名数论经典著作钩沉(算术卷)	2012－01	28.00	125
世界著名数学经典著作钩沉——立体几何卷	2011－02	28.00	88
世界著名三角学经典著作钩沉(平面三角卷Ⅰ)	2010－06	28.00	69
世界著名三角学经典著作钩沉(平面三角卷Ⅱ)	2011－01	38.00	78
世界著名初等数论经典著作钩沉(理论和实用算术卷)	2011－07	38.00	126
发展你的空间想象力	2017－06	38.00	785
空间想象力进阶	2019－05	68.00	1062
走向国际数学奥林匹克的平面几何试题诠释.第1卷	即将出版		1043
走向国际数学奥林匹克的平面几何试题诠释.第2卷	即将出版		1044
走向国际数学奥林匹克的平面几何试题诠释.第3卷	2019－03	78.00	1045
走向国际数学奥林匹克的平面几何试题诠释.第4卷	即将出版		1046
平面几何证明方法全书	2007－08	35.00	1
平面几何证明方法全书习题解答(第2版)	2006－12	18.00	10
平面几何天天练上卷·基础篇(直线型)	2013－01	58.00	208
平面几何天天练中卷·基础篇(涉及圆)	2013－01	28.00	234
平面几何天天练下卷·提高篇	2013－01	58.00	237
平面几何专题研究	2013－07	98.00	258

刘培杰数学工作室
已出版(即将出版)图书目录——初等数学

书　　名	出版时间	定　价	编号
最新世界各国数学奥林匹克中的平面几何试题	2007－09	38.00	14
数学竞赛平面几何典型题及新颖解	2010－07	48.00	74
初等数学复习及研究(平面几何)	2008－09	58.00	38
初等数学复习及研究(立体几何)	2010－06	38.00	71
初等数学复习及研究(平面几何)习题解答	2009－01	48.00	42
几何学教程(平面几何卷)	2011－03	68.00	90
几何学教程(立体几何卷)	2011－07	68.00	130
几何变换与几何证题	2010－06	88.00	70
计算方法与几何证题	2011－06	28.00	129
立体几何技巧与方法	2014－04	88.00	293
几何瑰宝——平面几何 500 名题暨 1000 条定理(上、下)	2010－07	138.00	76,77
三角形的解法与应用	2012－07	18.00	183
近代的三角形几何学	2012－07	48.00	184
一般折线几何学	2015－08	48.00	503
三角形的五心	2009－06	28.00	51
三角形的六心及其应用	2015－10	68.00	542
三角形趣谈	2012－08	28.00	212
解三角形	2014－01	28.00	265
三角学专门教程	2014－09	28.00	387
图天下几何新题试卷.初中(第 2 版)	2017－11	58.00	855
圆锥曲线习题集(上册)	2013－06	68.00	255
圆锥曲线习题集(中册)	2015－01	78.00	434
圆锥曲线习题集(下册・第 1 卷)	2016－10	78.00	683
圆锥曲线习题集(下册・第 2 卷)	2018－01	98.00	853
论九点圆	2015－05	88.00	645
近代欧氏几何学	2012－03	48.00	162
罗巴切夫斯基几何学及几何基础概要	2012－07	28.00	188
罗巴切夫斯基几何学初步	2015－06	28.00	474
用三角、解析几何、复数、向量计算解数学竞赛几何题	2015－03	48.00	455
美国中学几何教程	2015－04	88.00	458
三线坐标与三角形特征点	2015－04	98.00	460
平面解析几何方法与研究(第 1 卷)	2015－05	18.00	471
平面解析几何方法与研究(第 2 卷)	2015－06	18.00	472
平面解析几何方法与研究(第 3 卷)	2015－07	18.00	473
解析几何研究	2015－01	38.00	425
解析几何学教程.上	2016－01	38.00	574
解析几何学教程.下	2016－01	38.00	575
几何学基础	2016－01	58.00	581
初等几何研究	2015－02	58.00	444
十九和二十世纪欧氏几何学中的片段	2017－01	58.00	696
平面几何中考.高考.奥数一本通	2017－07	28.00	820
几何学简史	2017－08	28.00	833
四面体	2018－01	48.00	880
平面几何证明方法思路	2018－12	68.00	913
平面几何图形特性新析.上篇	2019－01	68.00	911
平面几何图形特性新析.下篇	2018－06	88.00	912
平面几何范例多解探究.上篇	2018－04	48.00	910
平面几何范例多解探究.下篇	2018－12	68.00	914
从分析解题过程学解题:竞赛中的几何问题研究	2018－07	68.00	946
二维、三维欧氏几何的对偶原理	2018－12	38.00	990
星形大观及闭折线论	2019－03	68.00	1020

刘培杰数学工作室
已出版(即将出版)图书目录——初等数学

书　　名	出版时间	定　价	编号
俄罗斯平面几何问题集	2009—08	88.00	55
俄罗斯立体几何问题集	2014—03	58.00	283
俄罗斯几何大师——沙雷金论数学及其他	2014—01	48.00	271
来自俄罗斯的 5000 道几何习题及解答	2011—03	58.00	89
俄罗斯初等数学问题集	2012—05	38.00	177
俄罗斯函数问题集	2011—03	38.00	103
俄罗斯组合分析问题集	2011—01	48.00	79
俄罗斯初等数学万题选——三角卷	2012—11	38.00	222
俄罗斯初等数学万题选——代数卷	2013—08	68.00	225
俄罗斯初等数学万题选——几何卷	2014—01	68.00	226
俄罗斯《量子》杂志数学征解问题 100 题选	2018—08	48.00	969
俄罗斯《量子》杂志数学征解问题又 100 题选	2018—08	48.00	970
463 个俄罗斯几何老问题	2012—01	28.00	152
《量子》数学短文精粹	2018—09	38.00	972
谈谈素数	2011—03	18.00	91
平方和	2011—03	18.00	92
整数论	2011—05	38.00	120
从整数谈起	2015—10	28.00	538
数与多项式	2016—01	38.00	558
谈谈不定方程	2011—05	28.00	119
解析不等式新论	2009—06	68.00	48
建立不等式的方法	2011—03	98.00	104
数学奥林匹克不等式研究	2009—08	68.00	56
不等式研究(第二辑)	2012—02	68.00	153
不等式的秘密(第一卷)	2012—02	28.00	154
不等式的秘密(第一卷)(第 2 版)	2014—02	38.00	286
不等式的秘密(第二卷)	2014—01	38.00	268
初等不等式的证明方法	2010—06	38.00	123
初等不等式的证明方法(第二版)	2014—11	38.00	407
不等式・理论・方法(基础卷)	2015—07	38.00	496
不等式・理论・方法(经典不等式卷)	2015—07	38.00	497
不等式・理论・方法(特殊类型不等式卷)	2015—07	48.00	498
不等式探究	2016—03	38.00	582
不等式探秘	2017—01	88.00	689
四面体不等式	2017—01	68.00	715
数学奥林匹克中常见重要不等式	2017—09	38.00	845
三正弦不等式	2018—09	98.00	974
函数方程与不等式:解法与稳定性结果	2019—04	68.00	1058
同余理论	2012—05	38.00	163
[x]与{x}	2015—04	48.00	476
极值与最值. 上卷	2015—06	28.00	486
极值与最值. 中卷	2015—06	38.00	487
极值与最值. 下卷	2015—06	28.00	488
整数的性质	2012—11	38.00	192
完全平方数及其应用	2015—08	78.00	506
多项式理论	2015—10	88.00	541
奇数、偶数、奇偶分析法	2018—01	98.00	876
不定方程及其应用. 上	2018—12	58.00	992
不定方程及其应用. 中	2019—01	78.00	993
不定方程及其应用. 下	2019—02	98.00	994

刘培杰数学工作室

已出版(即将出版)图书目录——初等数学

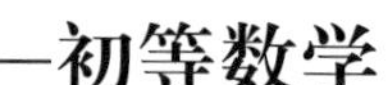

书　名	出版时间	定　价	编号
历届美国中学生数学竞赛试题及解答(第一卷)1950—1954	2014—07	18.00	277
历届美国中学生数学竞赛试题及解答(第二卷)1955—1959	2014—04	18.00	278
历届美国中学生数学竞赛试题及解答(第三卷)1960—1964	2014—06	18.00	279
历届美国中学生数学竞赛试题及解答(第四卷)1965—1969	2014—04	28.00	280
历届美国中学生数学竞赛试题及解答(第五卷)1970—1972	2014—06	18.00	281
历届美国中学生数学竞赛试题及解答(第六卷)1973—1980	2017—07	18.00	768
历届美国中学生数学竞赛试题及解答(第七卷)1981—1986	2015—01	18.00	424
历届美国中学生数学竞赛试题及解答(第八卷)1987—1990	2017—05	18.00	769
历届 IMO 试题集(1959—2005)	2006—05	58.00	5
历届 CMO 试题集	2008—09	28.00	40
历届中国数学奥林匹克试题集(第 2 版)	2017—03	38.00	757
历届加拿大数学奥林匹克试题集	2012—08	38.00	215
历届美国数学奥林匹克试题集:多解推广加强	2012—08	38.00	209
历届美国数学奥林匹克试题集:多解推广加强(第 2 版)	2016—03	48.00	592
历届波兰数学竞赛试题集. 第 1 卷,1949～1963	2015—03	18.00	453
历届波兰数学竞赛试题集. 第 2 卷,1964～1976	2015—03	18.00	454
历届巴尔干数学奥林匹克试题集	2015—05	38.00	466
保加利亚数学奥林匹克	2014—10	38.00	393
圣彼得堡数学奥林匹克试题集	2015—01	38.00	429
匈牙利奥林匹克数学竞赛题解. 第 1 卷	2016—05	28.00	593
匈牙利奥林匹克数学竞赛题解. 第 2 卷	2016—05	28.00	594
历届美国数学邀请赛试题集(第 2 版)	2017—10	78.00	851
全国高中数学竞赛试题及解答. 第 1 卷	2014—07	38.00	331
普林斯顿大学数学竞赛	2016—06	38.00	669
亚太地区数学奥林匹克竞赛题	2015—07	18.00	492
日本历届(初级)广中杯数学竞赛试题及解答. 第 1 卷(2000～2007)	2016—05	28.00	641
日本历届(初级)广中杯数学竞赛试题及解答. 第 2 卷(2008～2015)	2016—05	38.00	642
360 个数学竞赛问题	2016—08	58.00	677
奥数最佳实战题. 上卷	2017—06	38.00	760
奥数最佳实战题. 下卷	2017—05	58.00	761
哈尔滨市早期中学数学竞赛试题汇编	2016—07	28.00	672
全国高中数学联赛试题及解答:1981—2017(第 2 版)	2018—05	98.00	920
20 世纪 50 年代全国部分城市数学竞赛试题汇编	2017—07	28.00	797
高中数学竞赛培训教程:平面几何问题的求解方法与策略. 上	2018—05	68.00	906
高中数学竞赛培训教程:平面几何问题的求解方法与策略. 下	2018—06	78.00	907
高中数学竞赛培训教程:整除与同余以及不定方程	2018—01	88.00	908
高中数学竞赛培训教程:组合计数与组合极值	2018—04	48.00	909
高中数学竞赛培训教程:初等代数	2019—04	78.00	1042
国内外数学竞赛题及精解:2016～2017	2018—07	45.00	922
许康华竞赛优学精选集. 第一辑	2018—08	68.00	949
高考数学临门一脚(含密押三套卷)(理科版)	2017—01	45.00	743
高考数学临门一脚(含密押三套卷)(文科版)	2017—01	45.00	744
新课标高考数学题型全归纳(文科版)	2015—05	72.00	467
新课标高考数学题型全归纳(理科版)	2015—05	82.00	468
洞穿高考数学解答题核心考点(理科版)	2015—11	49.80	550
洞穿高考数学解答题核心考点(文科版)	2015—11	46.80	551

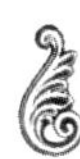

刘培杰数学工作室
已出版(即将出版)图书目录——初等数学

书　　名	出版时间	定　价	编号
高考数学题型全归纳:文科版.上	2016－05	53.00	663
高考数学题型全归纳:文科版.下	2016－05	53.00	664
高考数学题型全归纳:理科版.上	2016－05	58.00	665
高考数学题型全归纳:理科版.下	2016－05	58.00	666
王连笑教你怎样学数学:高考选择题解题策略与客观题实用训练	2014－01	48.00	262
王连笑教你怎样学数学:高考数学高层次讲座	2015－02	48.00	432
高考数学的理论与实践	2009－08	38.00	53
高考数学核心题型解题方法与技巧	2010－01	28.00	86
高考思维新平台	2014－03	38.00	259
30 分钟拿下高考数学选择题、填空题(理科版)	2016－10	39.80	720
30 分钟拿下高考数学选择题、填空题(文科版)	2016－10	39.80	721
高考数学压轴题解题诀窍(上)(第 2 版)	2018－01	58.00	874
高考数学压轴题解题诀窍(下)(第 2 版)	2018－01	48.00	875
北京市五区文科数学三年高考模拟题详解:2013～2015	2015－08	48.00	500
北京市五区理科数学三年高考模拟题详解:2013～2015	2015－09	68.00	505
向量法巧解数学高考题	2009－08	28.00	54
高考数学万能解题法(第 2 版)	即将出版	38.00	691
高考物理万能解题法(第 2 版)	即将出版	38.00	692
高考化学万能解题法(第 2 版)	即将出版	28.00	693
高考生物万能解题法(第 2 版)	即将出版	28.00	694
高考数学解题金典(第 2 版)	2017－01	78.00	716
高考物理解题金典(第 2 版)	2019－05	68.00	717
高考化学解题金典(第 2 版)	2019－05	58.00	718
我一定要赚分:高中物理	2016－01	38.00	580
数学高考参考	2016－01	78.00	589
2011～2015 年全国及各省市高考数学文科精品试题审题要津与解法研究	2015－10	68.00	539
2011～2015 年全国及各省市高考数学理科精品试题审题要津与解法研究	2015－10	88.00	540
最新全国及各省市高考数学试卷解法研究及点拨评析	2009－02	38.00	41
2011 年全国及各省市高考数学试题审题要津与解法研究	2011－10	48.00	139
2013 年全国及各省市高考数学试题解析与点评	2014－01	48.00	282
全国及各省市高考数学试题审题要津与解法研究	2015－02	48.00	450
新课标高考数学——五年试题分章详解(2007～2011)(上、下)	2011－10	78.00	140,141
全国中考数学压轴题审题要津与解法研究	2013－04	78.00	248
新编全国及各省市中考数学压轴题审题要津与解法研究	2014－05	58.00	342
全国及各省市 5 年中考数学压轴题审题要津与解法研究(2015 版)	2015－04	58.00	462
中考数学专题总复习	2007－04	28.00	6
中考数学较难题、难题常考题型解题方法与技巧.上	2016－01	48.00	584
中考数学较难题、难题常考题型解题方法与技巧.下	2016－01	58.00	585
中考数学较难题常考题型解题方法与技巧	2016－09	48.00	681
中考数学难题常考题型解题方法与技巧	2016－09	48.00	682
中考数学中档题常考题型解题方法与技巧	2017－08	68.00	835
中考数学选择填空压轴好题妙解 365	2017－05	38.00	759

刘培杰数学工作室
已出版(即将出版)图书目录——初等数学

书　　名	出版时间	定　价	编号
中考数学小压轴汇编初讲	2017－07	48.00	788
中考数学大压轴专题微言	2017－09	48.00	846
北京中考数学压轴题解题方法突破(第 4 版)	2019－01	58.00	1001
助你高考成功的数学解题智慧:知识是智慧的基础	2016－01	58.00	596
助你高考成功的数学解题智慧:错误是智慧的试金石	2016－04	58.00	643
助你高考成功的数学解题智慧:方法是智慧的推手	2016－04	68.00	657
高考数学奇思妙解	2016－04	38.00	610
高考数学解题策略	2016－05	48.00	670
数学解题泄天机(第 2 版)	2017－10	48.00	850
高考物理压轴题全解	2017－04	48.00	746
高中物理经典问题 25 讲	2017－05	28.00	764
高中物理教学讲义	2018－01	48.00	871
2016 年高考文科数学真题研究	2017－04	58.00	754
2016 年高考理科数学真题研究	2017－04	78.00	755
2017 年高考理科数学真题研究	2018－01	58.00	867
2017 年高考文科数学真题研究	2018－01	48.00	868
初中数学、高中数学脱节知识补缺教材	2017－06	48.00	766
高考数学小题抢分必练	2017－10	48.00	834
高考数学核心素养解读	2017－09	38.00	839
高考数学客观题解题方法和技巧	2017－10	38.00	847
十年高考数学精品试题审题要津与解法研究.上卷	2018－01	68.00	872
十年高考数学精品试题审题要津与解法研究.下卷	2018－01	58.00	873
中国历届高考数学试题及解答.1949－1979	2018－01	38.00	877
历届中国高考数学试题及解答.第二卷,1980—1989	2018－10	28.00	975
历届中国高考数学试题及解答.第三卷,1990—1999	2018－10	48.00	976
数学文化与高考研究	2018－03	48.00	882
跟我学解高中数学题	2018－07	58.00	926
中学数学研究的方法及案例	2018－05	58.00	869
高考数学抢分技能	2018－07	68.00	934
高一新生常用数学方法和重要数学思想提升教材	2018－06	38.00	921
2018 年高考数学真题研究	2019－01	68.00	1000
高考数学全国卷 16 道选择、填空题常考题型解题诀窍:理科	2018－09	88.00	971
新编 640 个世界著名数学智力趣题	2014－01	88.00	242
500 个最新世界著名数学智力趣题	2008－06	48.00	3
400 个最新世界著名数学最值问题	2008－09	48.00	36
500 个世界著名数学征解问题	2009－06	48.00	52
400 个中国最佳初等数学征解老问题	2010－01	48.00	60
500 个俄罗斯数学经典老题	2011－01	28.00	81
1000 个国外中学物理好题	2012－04	48.00	174
300 个日本高考数学题	2012－05	38.00	142
700 个早期日本高考数学试题	2017－02	88.00	752
500 个前苏联早期高考数学试题及解答	2012－05	28.00	185
546 个早期俄罗斯大学生数学竞赛题	2014－03	38.00	285
548 个来自美苏的数学好问题	2014－11	28.00	396
20 所苏联著名大学早期入学试题	2015－02	18.00	452
161 道德国工科大学生必做的微分方程习题	2015－05	28.00	469
500 个德国工科大学生必做的高数习题	2015－06	28.00	478
360 个数学竞赛问题	2016－08	58.00	677
200 个趣味数学故事	2018－02	48.00	857
470 个数学奥林匹克中的最值问题	2018－10	88.00	985
德国讲义日本考题.微积分卷	2015－04	48.00	456
德国讲义日本考题.微分方程卷	2015－04	38.00	457
二十世纪中叶中、英、美、日、法、俄高考数学试题精选	2017－06	38.00	783

刘培杰数学工作室
已出版(即将出版)图书目录——初等数学

书　　名	出版时间	定　价	编号
中国初等数学研究　2009 卷(第 1 辑)	2009—05	20.00	45
中国初等数学研究　2010 卷(第 2 辑)	2010—05	30.00	68
中国初等数学研究　2011 卷(第 3 辑)	2011—07	60.00	127
中国初等数学研究　2012 卷(第 4 辑)	2012—07	48.00	190
中国初等数学研究　2014 卷(第 5 辑)	2014—02	48.00	288
中国初等数学研究　2015 卷(第 6 辑)	2015—06	68.00	493
中国初等数学研究　2016 卷(第 7 辑)	2016—04	68.00	609
中国初等数学研究　2017 卷(第 8 辑)	2017—01	98.00	712

书　　名	出版时间	定　价	编号
几何变换(Ⅰ)	2014—07	28.00	353
几何变换(Ⅱ)	2015—06	28.00	354
几何变换(Ⅲ)	2015—01	38.00	355
几何变换(Ⅳ)	2015—12	38.00	356

书　　名	出版时间	定　价	编号
初等数论难题集(第一卷)	2009—05	68.00	44
初等数论难题集(第二卷)(上、下)	2011—02	128.00	82,83
数论概貌	2011—03	18.00	93
代数数论(第二版)	2013—08	58.00	94
代数多项式	2014—06	38.00	289
初等数论的知识与问题	2011—02	28.00	95
超越数论基础	2011—03	28.00	96
数论初等教程	2011—03	28.00	97
数论基础	2011—03	18.00	98
数论基础与维诺格拉多夫	2014—03	18.00	292
解析数论基础	2012—08	28.00	216
解析数论基础(第二版)	2014—01	48.00	287
解析数论问题集(第二版)(原版引进)	2014—05	88.00	343
解析数论问题集(第二版)(中译本)	2016—04	88.00	607
解析数论基础(潘承洞,潘承彪著)	2016—07	98.00	673
解析数论导引	2016—07	58.00	674
数论入门	2011—03	38.00	99
代数数论入门	2015—03	38.00	448
数论开篇	2012—07	28.00	194
解析数论引论	2011—03	48.00	100
Barban Davenport Halberstam 均值和	2009—01	40.00	33
基础数论	2011—03	28.00	101
初等数论 100 例	2011—05	18.00	122
初等数论经典例题	2012—07	18.00	204
最新世界各国数学奥林匹克中的初等数论试题(上、下)	2012—01	138.00	144,145
初等数论(Ⅰ)	2012—01	18.00	156
初等数论(Ⅱ)	2012—01	18.00	157
初等数论(Ⅲ)	2012—01	28.00	158

刘培杰数学工作室
已出版(即将出版)图书目录——初等数学

书　　名	出版时间	定　价	编号
平面几何与数论中未解决的新老问题	2013-01	68.00	229
代数数论简史	2014-11	28.00	408
代数数论	2015-09	88.00	532
代数、数论及分析习题集	2016-11	98.00	695
数论导引提要及习题解答	2016-01	48.00	559
素数定理的初等证明.第2版	2016-09	48.00	686
数论中的模函数与狄利克雷级数(第二版)	2017-11	78.00	837
数论:数学导引	2018-01	68.00	849
范式大代数	2019-02	98.00	1016
解析数学讲义.第一卷,导来式及微分、积分、级数	2019-04	88.00	1021
解析数学讲义.第二卷,关于几何的应用	2019-04	68.00	1022
解析数学讲义.第三卷,解析函数论	2019-04	78.00	1023
分析·组合·数论纵横谈	2019-04	58.00	1039
数学精神巡礼	2019-01	58.00	731
数学眼光透视(第2版)	2017-06	78.00	732
数学思想领悟(第2版)	2018-01	68.00	733
数学方法溯源(第2版)	2018-08	68.00	734
数学解题引论	2017-05	58.00	735
数学史话览胜(第2版)	2017-01	48.00	736
数学应用展观(第2版)	2017-08	68.00	737
数学建模尝试	2018-04	48.00	738
数学竞赛采风	2018-01	68.00	739
数学测评探营	2019-05	58.00	740
数学技能操握	2018-03	48.00	741
数学欣赏拾趣	2018-02	48.00	742
从毕达哥拉斯到怀尔斯	2007-10	48.00	9
从迪利克雷到维斯卡尔迪	2008-01	48.00	21
从哥德巴赫到陈景润	2008-05	98.00	35
从庞加莱到佩雷尔曼	2011-08	138.00	136
博弈论精粹	2008-03	58.00	30
博弈论精粹.第二版(精装)	2015-01	88.00	461
数学 我爱你	2008-01	28.00	20
精神的圣徒　别样的人生——60位中国数学家成长的历程	2008-09	48.00	39
数学史概论	2009-06	78.00	50
数学史概论(精装)	2013-03	158.00	272
数学史选讲	2016-01	48.00	544
斐波那契数列	2010-02	28.00	65
数学拼盘和斐波那契魔方	2010-07	38.00	72
斐波那契数列欣赏(第2版)	2018-08	58.00	948
Fibonacci数列中的明珠	2018-06	58.00	928
数学的创造	2011-02	48.00	85
数学美与创造力	2016-01	48.00	595
数海拾贝	2016-01	48.00	590
数学中的美(第2版)	2019-04	68.00	1057
数论中的美学	2014-12	38.00	351

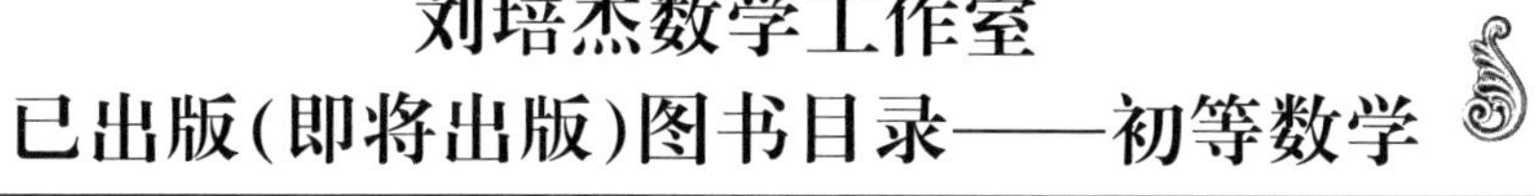

刘培杰数学工作室
已出版(即将出版)图书目录——初等数学

书　　名	出版时间	定　价	编号
数学王者　科学巨人——高斯	2015－01	28.00	428
振兴祖国数学的圆梦之旅:中国初等数学研究史话	2015－06	98.00	490
二十世纪中国数学史料研究	2015－10	48.00	536
数字谜、数阵图与棋盘覆盖	2016－01	58.00	298
时间的形状	2016－01	38.00	556
数学发现的艺术:数学探索中的合情推理	2016－07	58.00	671
活跃在数学中的参数	2016－07	48.00	675
数学解题——靠数学思想给力(上)	2011－07	38.00	131
数学解题——靠数学思想给力(中)	2011－07	48.00	132
数学解题——靠数学思想给力(下)	2011－07	38.00	133
我怎样解题	2013－01	48.00	227
数学解题中的物理方法	2011－06	28.00	114
数学解题的特殊方法	2011－06	48.00	115
中学数学计算技巧	2012－01	48.00	116
中学数学证明方法	2012－01	58.00	117
数学趣题巧解	2012－03	28.00	128
高中数学教学通鉴	2015－05	58.00	479
和高中生漫谈:数学与哲学的故事	2014－08	28.00	369
算术问题集	2017－03	38.00	789
张教授讲数学	2018－07	38.00	933
自主招生考试中的参数方程问题	2015－01	28.00	435
自主招生考试中的极坐标问题	2015－04	28.00	463
近年全国重点大学自主招生数学试题全解及研究.华约卷	2015－02	38.00	441
近年全国重点大学自主招生数学试题全解及研究.北约卷	2016－05	38.00	619
自主招生数学解证宝典	2015－09	48.00	535
格点和面积	2012－07	18.00	191
射影几何趣谈	2012－04	28.00	175
斯潘纳尔引理——从一道加拿大数学奥林匹克试题谈起	2014－01	28.00	228
李普希兹条件——从几道近年高考数学试题谈起	2012－10	18.00	221
拉格朗日中值定理——从一道北京高考试题的解法谈起	2015－10	18.00	197
闵科夫斯基定理——从一道清华大学自主招生试题谈起	2014－01	28.00	198
哈尔测度——从一道冬令营试题的背景谈起	2012－08	28.00	202
切比雪夫逼近问题——从一道中国台北数学奥林匹克试题谈起	2013－04	38.00	238
伯恩斯坦多项式与贝齐尔曲面——从一道全国高中数学联赛试题谈起	2013－03	38.00	236
卡塔兰猜想——从一道普特南竞赛试题谈起	2013－06	18.00	256
麦卡锡函数和阿克曼函数——从一道前南斯拉夫数学奥林匹克试题谈起	2012－08	18.00	201
贝蒂定理与拉姆贝克莫斯尔定理——从一个拣石子游戏谈起	2012－08	18.00	217
皮亚诺曲线和豪斯道夫分球定理——从无限集谈起	2012－08	18.00	211
平面凸图形与凸多面体	2012－10	28.00	218
斯坦因豪斯问题——从一道二十五省市自治区中学数学竞赛试题谈起	2012－07	18.00	196

刘培杰数学工作室
已出版(即将出版)图书目录——初等数学

书　　名	出版时间	定　价	编号
纽结理论中的亚历山大多项式与琼斯多项式——从一道北京市高一数学竞赛试题谈起	2012-07	28.00	195
原则与策略——从波利亚"解题表"谈起	2013-04	38.00	244
转化与化归——从三大尺规作图不能问题谈起	2012-08	28.00	214
代数几何中的贝祖定理(第一版)——从一道IMO试题的解法谈起	2013-08	18.00	193
成功连贯理论与约当块理论——从一道比利时数学竞赛试题谈起	2012-04	18.00	180
素数判定与大数分解	2014-08	18.00	199
置换多项式及其应用	2012-10	18.00	220
椭圆函数与模函数——从一道美国加州大学洛杉矶分校(UCLA)博士资格考题谈起	2012-10	28.00	219
差分方程的拉格朗日方法——从一道2011年全国高考理科试题的解法谈起	2012-08	28.00	200
力学在几何中的一些应用	2013-01	38.00	240
高斯散度定理、斯托克斯定理和平面格林定理——从一道国际大学生数学竞赛试题谈起	即将出版		
康托洛维奇不等式——从一道全国高中联赛试题谈起	2013-03	28.00	337
西格尔引理——从一道第18届IMO试题的解法谈起	即将出版		
罗斯定理——从一道前苏联数学竞赛试题谈起	即将出版		
拉克斯定理和阿廷定理——从一道IMO试题的解法谈起	2014-01	58.00	246
毕卡大定理——从一道美国大学数学竞赛试题谈起	2014-07	18.00	350
贝齐尔曲线——从一道全国高中联赛试题谈起	即将出版		
拉格朗日乘子定理——从一道2005年全国高中联赛试题的高等数学解法谈起	2015-05	28.00	480
雅可比定理——从一道日本数学奥林匹克试题谈起	2013-04	48.00	249
李天岩-约克定理——从一道波兰数学竞赛试题谈起	2014-06	28.00	349
整系数多项式因式分解的一般方法——从克朗耐克算法谈起	即将出版		
布劳维不动点定理——从一道前苏联数学奥林匹克试题谈起	2014-01	38.00	273
伯恩赛德定理——从一道英国数学奥林匹克试题谈起	即将出版		
布查特-莫斯特定理——从一道上海市初中竞赛试题谈起	即将出版		
数论中的同余数问题——从一道普特南竞赛试题谈起	即将出版		
范·德蒙行列式——从一道美国数学奥林匹克试题谈起	即将出版		
中国剩余定理:总数法构建中国历史年表	2015-01	28.00	430
牛顿程序与方程求根——从一道全国高考试题解法谈起	即将出版		
库默尔定理——从一道IMO预选试题谈起	即将出版		
卢丁定理——从一道冬令营试题的解法谈起	即将出版		
沃斯滕霍姆定理——从一道IMO预选试题谈起	即将出版		
卡尔松不等式——从一道莫斯科数学奥林匹克试题谈起	即将出版		
信息论中的香农熵——从一道近年高考压轴题谈起	即将出版		
约当不等式——从一道希望杯竞赛试题谈起	即将出版		
拉比诺维奇定理	即将出版		
刘维尔定理——从一道《美国数学月刊》征解问题的解法谈起	即将出版		
卡塔兰恒等式与级数求和——从一道IMO试题的解法谈起	即将出版		
勒让德猜想与素数分布——从一道爱尔兰竞赛试题谈起	即将出版		
天平称重与信息论——从一道基辅市数学奥林匹克试题谈起	即将出版		
哈密尔顿-凯莱定理:从一道高中数学联赛试题的解法谈起	2014-09	18.00	376
艾思特曼定理——从一道CMO试题的解法谈起	即将出版		

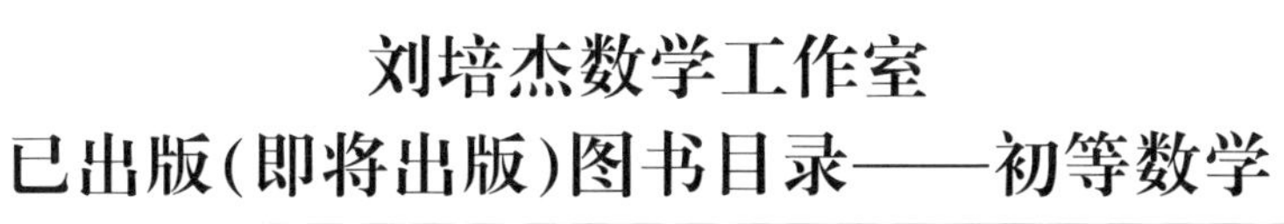

刘培杰数学工作室
已出版(即将出版)图书目录——初等数学

书　　名	出版时间	定　价	编号
阿贝尔恒等式与经典不等式及应用	2018－06	98.00	923
迪利克雷除数问题	2018－07	48.00	930
贝克码与编码理论——从一道全国高中联赛试题谈起	即将出版		
帕斯卡三角形	2014－03	18.00	294
蒲丰投针问题——从2009年清华大学的一道自主招生试题谈起	2014－01	38.00	295
斯图姆定理——从一道“华约”自主招生试题的解法谈起	2014－01	18.00	296
许瓦兹引理——从一道加利福尼亚大学伯克利分校数学系博士生试题谈起	2014－08	18.00	297
拉姆塞定理——从王诗宬院士的一个问题谈起	2016－04	48.00	299
坐标法	2013－12	28.00	332
数论三角形	2014－04	38.00	341
毕克定理	2014－07	18.00	352
数林掠影	2014－09	48.00	389
我们周围的概率	2014－10	38.00	390
凸函数最值定理:从一道华约自主招生题的解法谈起	2014－10	28.00	391
易学与数学奥林匹克	2014－10	38.00	392
生物数学趣谈	2015－01	18.00	409
反演	2015－01	28.00	420
因式分解与圆锥曲线	2015－01	18.00	426
轨迹	2015－01	28.00	427
面积原理:从常庚哲命的一道CMO试题的积分解法谈起	2015－01	48.00	431
形形色色的不动点定理:从一道28届IMO试题谈起	2015－01	38.00	439
柯西函数方程:从一道上海交大自主招生的试题谈起	2015－02	28.00	440
三角恒等式	2015－02	28.00	442
无理性判定:从一道2014年“北约”自主招生试题谈起	2015－01	38.00	443
数学归纳法	2015－03	18.00	451
极端原理与解题	2015－04	28.00	464
法雷级数	2014－08	18.00	367
摆线族	2015－01	38.00	438
函数方程及其解法	2015－05	38.00	470
含参数的方程和不等式	2012－09	28.00	213
希尔伯特第十问题	2016－01	38.00	543
无穷小量的求和	2016－01	28.00	545
切比雪夫多项式:从一道清华大学金秋营试题谈起	2016－01	38.00	583
泽肯多夫定理	2016－03	38.00	599
代数等式证题法	2016－01	28.00	600
三角等式证题法	2016－01	28.00	601
吴大任教授藏书中的一个因式分解公式:从一道美国数学邀请赛试题的解法谈起	2016－06	28.00	656
易卦——类万物的数学模型	2017－08	68.00	838
“不可思议”的数与数系可持续发展	2018－01	38.00	878
最短线	2018－01	38.00	879

书　　名	出版时间	定　价	编号
幻方和魔方(第一卷)	2012－05	68.00	173
尘封的经典——初等数学经典文献选读(第一卷)	2012－07	48.00	205
尘封的经典——初等数学经典文献选读(第二卷)	2012－07	38.00	206

书　　名	出版时间	定　价	编号
初级方程式论	2011－03	28.00	106
初等数学研究(Ⅰ)	2008－09	68.00	37
初等数学研究(Ⅱ)(上、下)	2009－05	118.00	46,47

刘培杰数学工作室

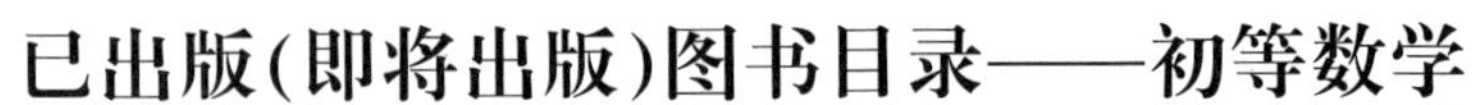

已出版(即将出版)图书目录——初等数学

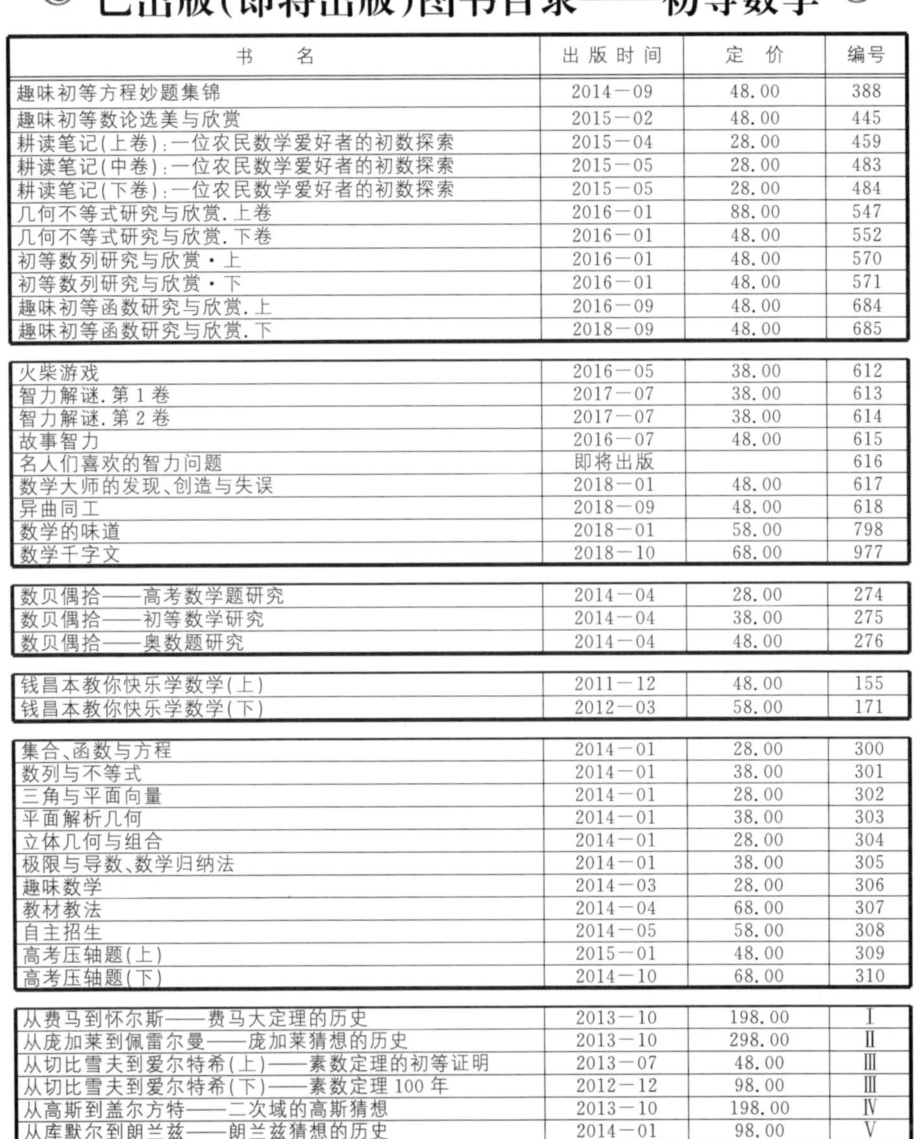

书　　名	出版时间	定　价	编号
趣味初等方程妙题集锦	2014—09	48.00	388
趣味初等数论选美与欣赏	2015—02	48.00	445
耕读笔记(上卷):一位农民数学爱好者的初数探索	2015—04	28.00	459
耕读笔记(中卷):一位农民数学爱好者的初数探索	2015—05	28.00	483
耕读笔记(下卷):一位农民数学爱好者的初数探索	2015—05	28.00	484
几何不等式研究与欣赏.上卷	2016—01	88.00	547
几何不等式研究与欣赏.下卷	2016—01	48.00	552
初等数列研究与欣赏·上	2016—01	48.00	570
初等数列研究与欣赏·下	2016—01	48.00	571
趣味初等函数研究与欣赏.上	2016—09	48.00	684
趣味初等函数研究与欣赏.下	2018—09	48.00	685
火柴游戏	2016—05	38.00	612
智力解谜.第1卷	2017—07	38.00	613
智力解谜.第2卷	2017—07	38.00	614
故事智力	2016—07	48.00	615
名人们喜欢的智力问题	即将出版		616
数学大师的发现、创造与失误	2018—01	48.00	617
异曲同工	2018—09	48.00	618
数学的味道	2018—01	58.00	798
数学千字文	2018—10	68.00	977
数贝偶拾——高考数学题研究	2014—04	28.00	274
数贝偶拾——初等数学研究	2014—04	38.00	275
数贝偶拾——奥数题研究	2014—04	48.00	276
钱昌本教你快乐学数学(上)	2011—12	48.00	155
钱昌本教你快乐学数学(下)	2012—03	58.00	171
集合、函数与方程	2014—01	28.00	300
数列与不等式	2014—01	38.00	301
三角与平面向量	2014—01	28.00	302
平面解析几何	2014—01	38.00	303
立体几何与组合	2014—01	28.00	304
极限与导数、数学归纳法	2014—01	38.00	305
趣味数学	2014—03	28.00	306
教材教法	2014—04	68.00	307
自主招生	2014—05	58.00	308
高考压轴题(上)	2015—01	48.00	309
高考压轴题(下)	2014—10	68.00	310
从费马到怀尔斯——费马大定理的历史	2013—10	198.00	I
从庞加莱到佩雷尔曼——庞加莱猜想的历史	2013—10	298.00	II
从切比雪夫到爱尔特希(上)——素数定理的初等证明	2013—07	48.00	III
从切比雪夫到爱尔特希(下)——素数定理100年	2012—12	98.00	III
从高斯到盖尔方特——二次域的高斯猜想	2013—10	198.00	IV
从库默尔到朗兰兹——朗兰兹猜想的历史	2014—01	98.00	V
从比勃巴赫到德布朗斯——比勃巴赫猜想的历史	2014—02	298.00	VI
从麦比乌斯到陈省身——麦比乌斯变换与麦比乌斯带	2014—02	298.00	VII
从布尔到豪斯道夫——布尔方程与格论漫谈	2013—10	198.00	VIII
从开普勒到阿诺德——三体问题的历史	2014—05	298.00	IX
从华林到华罗庚——华林问题的历史	2013—10	298.00	X

刘培杰数学工作室
已出版(即将出版)图书目录——初等数学

书　　名	出版时间	定　价	编号
美国高中数学竞赛五十讲.第1卷(英文)	2014－08	28.00	357
美国高中数学竞赛五十讲.第2卷(英文)	2014－08	28.00	358
美国高中数学竞赛五十讲.第3卷(英文)	2014－09	28.00	359
美国高中数学竞赛五十讲.第4卷(英文)	2014－09	28.00	360
美国高中数学竞赛五十讲.第5卷(英文)	2014－10	28.00	361
美国高中数学竞赛五十讲.第6卷(英文)	2014－11	28.00	362
美国高中数学竞赛五十讲.第7卷(英文)	2014－12	28.00	363
美国高中数学竞赛五十讲.第8卷(英文)	2015－01	28.00	364
美国高中数学竞赛五十讲.第9卷(英文)	2015－01	28.00	365
美国高中数学竞赛五十讲.第10卷(英文)	2015－02	38.00	366
三角函数(第2版)	2017－04	38.00	626
不等式	2014－01	38.00	312
数列	2014－01	38.00	313
方程(第2版)	2017－04	38.00	624
排列和组合	2014－01	28.00	315
极限与导数(第2版)	2016－04	38.00	635
向量(第2版)	2018－08	58.00	627
复数及其应用	2014－08	28.00	318
函数	2014－01	38.00	319
集合	即将出版		320
直线与平面	2014－01	28.00	321
立体几何(第2版)	2016－04	38.00	629
解三角形	即将出版		323
直线与圆(第2版)	2016－11	38.00	631
圆锥曲线(第2版)	2016－09	48.00	632
解题通法(一)	2014－07	38.00	326
解题通法(二)	2014－07	38.00	327
解题通法(三)	2014－05	38.00	328
概率与统计	2014－01	28.00	329
信息迁移与算法	即将出版		330
IMO 50年.第1卷(1959－1963)	2014－11	28.00	377
IMO 50年.第2卷(1964－1968)	2014－11	28.00	378
IMO 50年.第3卷(1969－1973)	2014－09	28.00	379
IMO 50年.第4卷(1974－1978)	2016－04	38.00	380
IMO 50年.第5卷(1979－1984)	2015－04	38.00	381
IMO 50年.第6卷(1985－1989)	2015－04	58.00	382
IMO 50年.第7卷(1990－1994)	2016－01	48.00	383
IMO 50年.第8卷(1995－1999)	2016－06	38.00	384
IMO 50年.第9卷(2000－2004)	2015－04	58.00	385
IMO 50年.第10卷(2005－2009)	2016－01	48.00	386
IMO 50年.第11卷(2010－2015)	2017－03	48.00	646

刘培杰数学工作室
已出版(即将出版)图书目录——初等数学

书　　名	出版时间	定　价	编号
数学反思(2006—2007)	即将出版		915
数学反思(2008—2009)	2019－01	68.00	917
数学反思(2010—2011)	2018－05	58.00	916
数学反思(2012—2013)	2019－01	58.00	918
数学反思(2014—2015)	2019－03	78.00	919
历届美国大学生数学竞赛试题集.第一卷(1938—1949)	2015－01	28.00	397
历届美国大学生数学竞赛试题集.第二卷(1950—1959)	2015－01	28.00	398
历届美国大学生数学竞赛试题集.第三卷(1960—1969)	2015－01	28.00	399
历届美国大学生数学竞赛试题集.第四卷(1970—1979)	2015－01	18.00	400
历届美国大学生数学竞赛试题集.第五卷(1980—1989)	2015－01	28.00	401
历届美国大学生数学竞赛试题集.第六卷(1990—1999)	2015－01	28.00	402
历届美国大学生数学竞赛试题集.第七卷(2000—2009)	2015－08	18.00	403
历届美国大学生数学竞赛试题集.第八卷(2010—2012)	2015－01	18.00	404
新课标高考数学创新题解题诀窍:总论	2014－09	28.00	372
新课标高考数学创新题解题诀窍:必修1～5分册	2014－08	38.00	373
新课标高考数学创新题解题诀窍:选修2－1,2－2,1－1,1－2分册	2014－09	38.00	374
新课标高考数学创新题解题诀窍:选修2－3,4－4,4－5分册	2014－09	18.00	375
全国重点大学自主招生英文数学试题全攻略:词汇卷	2015－07	48.00	410
全国重点大学自主招生英文数学试题全攻略:概念卷	2015－01	28.00	411
全国重点大学自主招生英文数学试题全攻略:文章选读卷(上)	2016－09	38.00	412
全国重点大学自主招生英文数学试题全攻略:文章选读卷(下)	2017－01	58.00	413
全国重点大学自主招生英文数学试题全攻略:试题卷	2015－07	38.00	414
全国重点大学自主招生英文数学试题全攻略:名著欣赏卷	2017－03	48.00	415
劳埃德数学趣题大全.题目卷.1:英文	2016－01	18.00	516
劳埃德数学趣题大全.题目卷.2:英文	2016－01	18.00	517
劳埃德数学趣题大全.题目卷.3:英文	2016－01	18.00	518
劳埃德数学趣题大全.题目卷.4:英文	2016－01	18.00	519
劳埃德数学趣题大全.题目卷.5:英文	2016－01	18.00	520
劳埃德数学趣题大全.答案卷:英文	2016－01	18.00	521
李成章教练奥数笔记.第1卷	2016－01	48.00	522
李成章教练奥数笔记.第2卷	2016－01	48.00	523
李成章教练奥数笔记.第3卷	2016－01	38.00	524
李成章教练奥数笔记.第4卷	2016－01	38.00	525
李成章教练奥数笔记.第5卷	2016－01	38.00	526
李成章教练奥数笔记.第6卷	2016－01	38.00	527
李成章教练奥数笔记.第7卷	2016－01	38.00	528
李成章教练奥数笔记.第8卷	2016－01	48.00	529
李成章教练奥数笔记.第9卷	2016－01	28.00	530

刘培杰数学工作室
已出版(即将出版)图书目录——初等数学

书　　名	出版时间	定　价	编号
第19～23届"希望杯"全国数学邀请赛试题审题要津详细评注(初一版)	2014-03	28.00	333
第19～23届"希望杯"全国数学邀请赛试题审题要津详细评注(初二、初三版)	2014-03	38.00	334
第19～23届"希望杯"全国数学邀请赛试题审题要津详细评注(高一版)	2014-03	28.00	335
第19～23届"希望杯"全国数学邀请赛试题审题要津详细评注(高二版)	2014-03	38.00	336
第19～25届"希望杯"全国数学邀请赛试题审题要津详细评注(初一版)	2015-01	38.00	416
第19～25届"希望杯"全国数学邀请赛试题审题要津详细评注(初二、初三版)	2015-01	58.00	417
第19～25届"希望杯"全国数学邀请赛试题审题要津详细评注(高一版)	2015-01	48.00	418
第19～25届"希望杯"全国数学邀请赛试题审题要津详细评注(高二版)	2015-01	48.00	419
物理奥林匹克竞赛大题典——力学卷	2014-11	48.00	405
物理奥林匹克竞赛大题典——热学卷	2014-04	28.00	339
物理奥林匹克竞赛大题典——电磁学卷	2015-07	48.00	406
物理奥林匹克竞赛大题典——光学与近代物理卷	2014-06	28.00	345
历届中国东南地区数学奥林匹克试题集(2004～2012)	2014-06	18.00	346
历届中国西部地区数学奥林匹克试题集(2001～2012)	2014-07	18.00	347
历届中国女子数学奥林匹克试题集(2002～2012)	2014-08	18.00	348
数学奥林匹克在中国	2014-06	98.00	344
数学奥林匹克问题集	2014-01	38.00	267
数学奥林匹克不等式散论	2010-06	38.00	124
数学奥林匹克不等式欣赏	2011-09	38.00	138
数学奥林匹克超级题库(初中卷上)	2010-01	58.00	66
数学奥林匹克不等式证明方法和技巧(上、下)	2011-08	158.00	134,135
他们学什么:原民主德国中学数学课本	2016-09	38.00	658
他们学什么:英国中学数学课本	2016-09	38.00	659
他们学什么:法国中学数学课本.1	2016-09	38.00	660
他们学什么:法国中学数学课本.2	2016-09	28.00	661
他们学什么:法国中学数学课本.3	2016-09	38.00	662
他们学什么:苏联中学数学课本	2016-09	28.00	679
高中数学题典——集合与简易逻辑·函数	2016-07	48.00	647
高中数学题典——导数	2016-07	48.00	648
高中数学题典——三角函数·平面向量	2016-07	48.00	649
高中数学题典——数列	2016-07	58.00	650
高中数学题典——不等式·推理与证明	2016-07	38.00	651
高中数学题典——立体几何	2016-07	48.00	652
高中数学题典——平面解析几何	2016-07	78.00	653
高中数学题典——计数原理·统计·概率·复数	2016-07	48.00	654
高中数学题典——算法·平面几何·初等数论·组合数学·其他	2016-07	68.00	655

刘培杰数学工作室
已出版(即将出版)图书目录——初等数学

书　　名	出版时间	定　价	编号
台湾地区奥林匹克数学竞赛试题.小学一年级	2017－03	38.00	722
台湾地区奥林匹克数学竞赛试题.小学二年级	2017－03	38.00	723
台湾地区奥林匹克数学竞赛试题.小学三年级	2017－03	38.00	724
台湾地区奥林匹克数学竞赛试题.小学四年级	2017－03	38.00	725
台湾地区奥林匹克数学竞赛试题.小学五年级	2017－03	38.00	726
台湾地区奥林匹克数学竞赛试题.小学六年级	2017－03	38.00	727
台湾地区奥林匹克数学竞赛试题.初中一年级	2017－03	38.00	728
台湾地区奥林匹克数学竞赛试题.初中二年级	2017－03	38.00	729
台湾地区奥林匹克数学竞赛试题.初中三年级	2017－03	28.00	730
不等式证题法	2017－04	28.00	747
平面几何培优教程	即将出版		748
奥数鼎级培优教程.高一分册	2018－09	88.00	749
奥数鼎级培优教程.高二分册.上	2018－04	68.00	750
奥数鼎级培优教程.高二分册.下	2018－04	68.00	751
高中数学竞赛冲刺宝典	2019－04	68.00	883
初中尖子生数学超级题典.实数	2017－07	58.00	792
初中尖子生数学超级题典.式、方程与不等式	2017－08	58.00	793
初中尖子生数学超级题典.圆、面积	2017－08	38.00	794
初中尖子生数学超级题典.函数、逻辑推理	2017－08	48.00	795
初中尖子生数学超级题典.角、线段、三角形与多边形	2017－07	58.00	796
数学王子——高斯	2018－01	48.00	858
坎坷奇星——阿贝尔	2018－01	48.00	859
闪烁奇星——伽罗瓦	2018－01	58.00	860
无穷统帅——康托尔	2018－01	48.00	861
科学公主——柯瓦列夫斯卡娅	2018－01	48.00	862
抽象代数之母——埃米·诺特	2018－01	48.00	863
电脑先驱——图灵	2018－01	58.00	864
昔日神童——维纳	2018－01	48.00	865
数坛怪侠——爱尔特希	2018－01	68.00	866
当代世界中的数学.数学思想与数学基础	2019－01	38.00	892
当代世界中的数学.数学问题	2019－01	38.00	893
当代世界中的数学.应用数学与数学应用	2019－01	38.00	894
当代世界中的数学.数学王国的新疆域(一)	2019－01	38.00	895
当代世界中的数学.数学王国的新疆域(二)	2019－01	38.00	896
当代世界中的数学.数林撷英(一)	2019－01	38.00	897
当代世界中的数学.数林撷英(二)	2019－01	48.00	898
当代世界中的数学.数学之路	2019－01	38.00	899

刘培杰数学工作室
已出版(即将出版)图书目录——初等数学

书　　名	出版时间	定　价	编号
105 个代数问题:来自 AwesomeMath 夏季课程	2019—02	58.00	956
106 个几何问题:来自 AwesomeMath 夏季课程	即将出版		957
107 个几何问题:来自 AwesomeMath 全年课程	即将出版		958
108 个代数问题:来自 AwesomeMath 全年课程	2019—01	68.00	959
109 个不等式:来自 AwesomeMath 夏季课程	2019—04	58.00	960
国际数学奥林匹克中的 110 个几何问题	即将出版		961
111 个代数和数论问题	2019—05	58.00	962
112 个组合问题:来自 AwesomeMath 夏季课程	2019—05	58.00	963
113 个几何不等式:来自 AwesomeMath 夏季课程	即将出版		964
114 个指数和对数问题:来自 AwesomeMath 夏季课程	即将出版		965
115 个三角问题:来自 AwesomeMath 夏季课程	即将出版		966
116 个代数不等式:来自 AwesomeMath 全年课程	2019—04	58.00	967
紫色慧星国际数学竞赛试题	2019—02	58.00	999
澳大利亚中学数学竞赛试题及解答(初级卷)1978～1984	2019—02	28.00	1002
澳大利亚中学数学竞赛试题及解答(初级卷)1985～1991	2019—02	28.00	1003
澳大利亚中学数学竞赛试题及解答(初级卷)1992～1998	2019—02	28.00	1004
澳大利亚中学数学竞赛试题及解答(初级卷)1999～2005	2019—02	28.00	1005
澳大利亚中学数学竞赛试题及解答(中级卷)1978～1984	2019—03	28.00	1006
澳大利亚中学数学竞赛试题及解答(中级卷)1985～1991	2019—03	28.00	1007
澳大利亚中学数学竞赛试题及解答(中级卷)1992～1998	2019—03	28.00	1008
澳大利亚中学数学竞赛试题及解答(中级卷)1999～2005	2019—03	28.00	1009
澳大利亚中学数学竞赛试题及解答(高级卷)1978～1984	即将出版		1010
澳大利亚中学数学竞赛试题及解答(高级卷)1985～1991	即将出版		1011
澳大利亚中学数学竞赛试题及解答(高级卷)1992～1998	即将出版		1012
澳大利亚中学数学竞赛试题及解答(高级卷)1999～2005	即将出版		1013
天才中小学生智力测验题.第一卷	2019—03	38.00	1026
天才中小学生智力测验题.第二卷	2019—03	38.00	1027
天才中小学生智力测验题.第三卷	2019—03	38.00	1028
天才中小学生智力测验题.第四卷	2019—03	38.00	1029
天才中小学生智力测验题.第五卷	2019—03	38.00	1030
天才中小学生智力测验题.第六卷	2019—03	38.00	1031
天才中小学生智力测验题.第七卷	2019—03	38.00	1032
天才中小学生智力测验题.第八卷	2019—03	38.00	1033
天才中小学生智力测验题.第九卷	2019—03	38.00	1034
天才中小学生智力测验题.第十卷	2019—03	38.00	1035
天才中小学生智力测验题.第十一卷	2019—03	38.00	1036
天才中小学生智力测验题.第十二卷	2019—03	38.00	1037
天才中小学生智力测验题.第十三卷	2019—03	38.00	1038

刘培杰数学工作室
已出版(即将出版)图书目录——初等数学

书　　名	出版时间	定　价	编号
重点大学自主招生数学备考全书:函数	即将出版		1047
重点大学自主招生数学备考全书:导数	即将出版		1048
重点大学自主招生数学备考全书:数列与不等式	即将出版		1049
重点大学自主招生数学备考全书:三角函数与平面向量	即将出版		1050
重点大学自主招生数学备考全书:平面解析几何	即将出版		1051
重点大学自主招生数学备考全书:立体几何与平面几何	即将出版		1052
重点大学自主招生数学备考全书:排列组合.概率统计.复数	即将出版		1053
重点大学自主招生数学备考全书:初等数论与组合数学	即将出版		1054
重点大学自主招生数学备考全书:重点大学自主招生真题.上	2019—04	68.00	1055
重点大学自主招生数学备考全书:重点大学自主招生真题.下	2019—04	58.00	1056

联系地址:哈尔滨市南岗区复华四道街10号　哈尔滨工业大学出版社刘培杰数学工作室

网　　址:http://lpj.hit.edu.cn/

邮　　编:150006

联系电话:0451—86281378　　13904613167

E-mail:lpj1378@163.com